极简图解
电磁学基本原理

[日] 山崎耕造 著
秦晓平 韩伟真 译

机 械 工 业 出 版 社

本书以简练易懂的文字和妙趣横生的图画一一对应，建立起一套具有整体性和全局性的概念，包括静电场、电荷、静磁场、磁性极化、电磁感应、位移电流、电磁波的基本概念，以及物理量的基本单位制和量纲体系。为了掌握电磁学的数学原理，本书浅显直观地介绍相关数学工具，如数学分析、偏微分、线积分、面积分、场论、向量分析等。

本书的每一章都附加了专栏和提示，介绍一些前沿科学方面的小知识，还对一些经典的概念加以解释，例如，磁场强度 H 和磁感应强度 B（即磁通密度）的历史沿革做了清晰的解读（见 7-4 节），这个知识点有利于加深对磁场本质的理解，而且是一般电磁学书籍所忽略的内容。

电磁学是一门较难学习的课程，需要对电磁学的概念有深刻的理解，还要求熟练掌握一系列的数学工具。本书经过巧妙设计，适合初学者轻松入门，也适合电气工程师和无线通信行业的技术人员，以及想要扩展知识面、提高解决问题能力的学习者阅读。读者通过阅读本书，能提高解决疑难交直流电路问题、电磁兼容抗干扰问题，以及电磁波传播障碍问题等多方面的能力，增强理论水平。

译者的话——解读麦克斯韦方程

为了使读者能通俗易懂地理解本书的理论，译者将麦克斯韦方程组的四个方程分别列出，并尽量用简单的文字予以讲解，希望能够帮助读者更好地理解。

电磁场理论是研究电荷及其运动规律的一门定量理论。它由两大部分组成，一是由库仑、安培和法拉第等人所做的三大电磁学实验定律，二是由高斯和斯托克斯奠定的向量分析数学基础。最终麦克斯韦在前人工作基础上进行了数学和物理两方面的推导，并通过巧妙的假设（位移电流），揭示了电磁场与电磁波的奥秘。这么多的定理、定律、方程、物理量单位都以这些科学家的名字来命名，就是为了缅怀他们对人类科学发展做出的伟大贡献。

麦克斯韦方程组由四个方程组成，而且这四个方程还分为微分形式和积分形式。

理论依据	微分形式	积分形式
电场的高斯定理	$\nabla \cdot \boldsymbol{D}=\rho_e$　(10-16)	$\int_S \boldsymbol{D} \cdot \mathrm{d}\boldsymbol{S}=\int_V \rho_e \mathrm{d}V=Q$　(10-7)
磁场的高斯定理	$\nabla \cdot \boldsymbol{B}=0$　(10-17)	$\int_S \boldsymbol{B} \cdot \mathrm{d}\boldsymbol{S}=0$　(10-8)
安培-麦克斯韦定理	$\nabla \times \boldsymbol{H}=\boldsymbol{j}+\frac{\partial}{\partial t}\boldsymbol{D}$　(10-18)	$\oint_C \boldsymbol{H} \cdot \mathrm{d}\boldsymbol{l}=\int_S \left(\boldsymbol{j}+\frac{\partial}{\partial t}\boldsymbol{D}\right) \cdot \mathrm{d}\boldsymbol{S}$　(10-9)
法拉第电磁感应定律	$\nabla \times \boldsymbol{E}=-\frac{\partial}{\partial t}\boldsymbol{B}$　(10-19)	$\oint_C \boldsymbol{E} \cdot \mathrm{d}\boldsymbol{l}=\int_S \left(\frac{\partial}{\partial t}\boldsymbol{B}\right) \cdot \mathrm{d}\boldsymbol{S}$　(10-10)

下面按照本书的顺序解释麦克斯韦的各个方程。

（1）电荷会产生电力线，根据电场的高斯定理（3-7 节），穿过闭合曲面的电力线数量是该闭合曲面包含的电荷量的 $1/\varepsilon_0$。用向量分析来解读就是电荷是电场的散度源。这就是麦克斯韦方程组的第一个方程的意义。

（2）电流周围产生涡旋形磁力线，因为自然界不存在单极的磁荷，所以根据磁场的高斯定理（6-7 节），任何区域表面进出的磁通总量始终为 0。这说明磁场的散度为 0，是个无源场。

（3）第三个方程包含麦克斯韦创新的神来之笔，这就是引入了位移电流的概念。在没有建立位移电流概念之前，安培环路定理（6-2 节）描述的是载流导线周围产生的磁通密度 $\boldsymbol{B}$ 与闭合曲线包围的电流成正比，比例系数是真空磁导率 μ_0。也可以把磁通密度 $\boldsymbol{B}$ 换成磁场强度 $\boldsymbol{H}$，这时比例系数就应当把 μ_0 改成 1。也就是说，对磁场强度周围的封闭曲线的线积分等于对电流（面）密度做曲面积分，这个曲面是以封闭曲线为边界的任意曲面。需要注意的是在导线中流动着传导电流时安培环路定理成立。但是，如果回路中有电容器，那么即使是通过交流电，在电容器极板之间也没有实际的传导电流流过，只有电场随时间变化。麦克斯韦创造性地把电容器极板间的电通量 $\boldsymbol{D}$ 对时间的变化率定义为位移电流。位移电流和传导电流共同激发涡旋磁场。这就是第三个方程微分形式的物理意义，也是扩展的安培环路定理的数学依据（10-2 节）。

（4）根据法拉第电磁感应定律，变化的磁场在磁场的周围产生涡旋电场，沿着磁场周围的闭合曲线对电场强度做线积分等于相应曲面上磁通密度的变化率（10-4 节）。变化的磁场激发涡旋电场，电场的趋势是抗拒磁场的变化。这就是微分形式中旋度和负号的来源（10-7 节）。

为了便于读者理解麦克斯韦方程组，译者努力为读者排除阅读数学公式的困难。如有不恰当的解读，敬请读者指正。

译　者

2024 年 2 月

原书前言

本书以插图为中心，结合数学公式，阐述了电磁学中电、磁和电磁波的基本定律及其作用原理。为使读者在轻松的心情中加深理解，书中还给出测试题目和知识专栏。

本书的第 1 章首先介绍电与磁发展的历史，然后提出了电磁学的数学基础；第 2~4 章描述电荷和电介质的静电场；第 5~7 章描述与电流和磁性材料相伴随的静磁场；第 8 章和第 9 章描述电磁感应作用，即随时间变化的电场与磁场之间的相互作用；第 10 章和第 11 章总结麦克斯韦方程，这是电磁学或电磁波的基本方程。最后还简要介绍了相对论电磁学的发展现状。

本书的每节都是用对开的两页列出文字说明和相应插图，图文对照，以便于学习。在每一章的末尾，都列出了有趣的选择测试题和读者感兴趣的知识专栏。此外，为了加深读者对于知识的理解，作者还撰写了与各章节内容相适应的综合测试题。

如果本书能够成为人们对电磁学、物理学以及更广域的科学知识产生兴趣的契机，作者将感到无比欣慰。

山崎耕造

2023 年 2 月

目　录

译者的话——解读麦克斯韦方程

原书前言

基　础　篇

第 1 章　电磁学的基础知识 …… 1

1-1　电和磁的发现与历史 …… 2

1-2　力和场的概念 …… 4

1-3　标量和向量 …… 6

1-4　向量场的内积和外积 …… 8

1-5　场的微分 …… 10

1-6　场的积分 …… 12

1-7　基本单位和物理量量纲 …… 14

1-8　基本单位的定义 …… 16

选择测试题/专栏 1 …… 18

综合测试题 …… 19

测试题答案 …… 20

电荷・静电场篇

第 2 章　静电力 …… 21

2-1　静电力 …… 22

2-2　电荷和基本电荷量 …… 24

2-3　静电感应和静电屏蔽 …… 26

2-4　导体和绝缘体 …… 28

2-5 质量和电荷守恒定律 …… 30
2-6 库仑定律 …… 32
2-7 叠加原理 …… 34
选择测试题/专栏 2 …… 36
综合测试题 …… 37
测试题答案 …… 38
第 3 章 电荷和电场 …… 39
3-1 电力线的定义 …… 40
3-2 电通量、电通量密度和边界条件 …… 42
3-3 电场的定义 …… 44
3-4 电位的定义 …… 46
3-5 重力场与电场的比较 …… 48
3-6 平板和点电荷的电位 …… 50
3-7 电场的高斯定理（积分形式） …… 52
3-8 导体和镜像法 …… 54
选择测试题/专栏 3 …… 56
综合测试题 …… 57
测试题答案 …… 58
第 4 章 电介质 …… 59
4-1 介电极化 …… 60
4-2 电容器 …… 62
4-3 各种电容器一 …… 64
4-4 各种电容器二 …… 66
4-5 电容器的并联和串联 …… 68
4-6 静电能量和介电常数 …… 70
4-7 作用于平行平板电极的力 …… 72
4-8 电介质电容器 …… 74
选择测试题/专栏 4 …… 76
综合测试题 …… 77
测试题答案 …… 78

电流 · 静磁场篇

第 5 章 直流电路 …… 79

5-1 电流和电阻 …… 80

5-2 欧姆定律 …… 82

5-3 电功率和焦耳热 …… 84

5-4 电路和水路的比较 …… 86

5-5 电阻的合成 …… 88

5-6 电源电路 …… 90

5-7 基尔霍夫定律 …… 92

选择测试题/专栏 5 …… 94

综合测试题 …… 95

测试题答案 …… 96

第 6 章 电流和磁场 …… 97

6-1 电流产生的磁场 …… 98

6-2 安培环路定理 …… 100

6-3 磁场对电流的作用力 …… 102

6-4 电场和磁场中的带电粒子 …… 104

6-5 导线形状和磁场结构 …… 106

6-6 毕奥 · 萨伐尔定律 …… 108

6-7 磁场的高斯定理 …… 110

选择测试题/专栏 6 …… 112

综合测试题 …… 113

测试题答案 …… 114

第 7 章 磁性体 …… 115

7-1 磁性极化 …… 116

7-2 带电体与磁性体的比较 …… 118

7-3 电路与磁路的比较 …… 120

7-4 从 *EH* 对应到 *EB* 对应 …… 122

7-5 磁矩 …… 124

7-6 磁铁的微观结构 …… 126
7-7 磁滞现象 …… 128
7-8 顺磁性、铁磁性和反磁性 …… 130
选择测试题/专栏 7 …… 132
综合测试题 …… 133
测试题答案 …… 134

变化电磁场篇

第 8 章 电磁感应 …… 135
8-1 楞次定律 …… 136
8-2 法拉第电磁实验 …… 138
8-3 法拉第电磁感应定律 …… 140
8-4 运动导线中的感应电动势 …… 142
8-5 自感 …… 144
8-6 互感 …… 146
8-7 线圈的电感和磁能 …… 148
8-8 左手定则和右手定则与电动机和发电机 …… 150
选择测试题/专栏 8 …… 152
综合测试题 …… 153
测试题答案 …… 154
第 9 章 交流电路 …… 155
9-1 单相交流发电的原理 …… 156
9-2 三相交流发电的原理 …… 158
9-3 电流和电压的有效值 …… 160
9-4 电感电路 …… 162
9-5 电容电路 …… 164
9-6 用复数表示阻抗 …… 166
9-7 功率因数和有功功率 …… 168
选择测试题/专栏 9 …… 170
综合测试题 …… 171

测试题答案 …… 172

电磁方程式篇

第 10 章　麦克斯韦方程 …… 173
10-1　位移电流的引入 …… 174
10-2　扩展的安培环路定理 …… 176
10-3　麦克斯韦方程的积分形式一 …… 178
10-4　麦克斯韦方程的积分形式二 …… 180
10-5　高斯散度定理 …… 182
10-6　斯托克斯旋度定理 …… 184
10-7　麦克斯韦方程的微分形式 …… 186
选择测试题/专栏 10 …… 188
综合测试题 …… 189
测试题答案 …… 190
第 11 章　电磁波 …… 191
11-1　电磁场的波动方程 …… 192
11-2　电磁波的产生 …… 194
11-3　按频率分类电磁波 …… 196
11-4　电磁波的能量 …… 198
11-5　标量势和向量势 …… 200
11-6　洛伦兹变换 …… 202
11-7　相对论的电动力学 …… 204
选择测试题/专栏 11 …… 206
综合测试题 …… 207
测试题答案 …… 208
附录 …… 209
附录 A　本书使用的物理量的符号 …… 209
附录 B　电磁学的基本定律（总结） …… 210
参考文献 …… 211

专栏

专栏 1　神奇的远距离力能获得诺贝尔物理学奖吗…………18
专栏 2　二次方反比定律是完全正确的吗…………36
专栏 3　雷击是上升的吗…………56
专栏 4　大有作为的双电层电容器…………76
专栏 5　从爱迪生电灯到 LED 电灯…………94
专栏 6　超导电磁铁在医疗领域大显身手…………112
专栏 7　摩西效应能将水分开吗…………132
专栏 8　用电量首屈一指的设备是电动机…………152
专栏 9　为什么东西日本的用电频率有所不同…………170
专栏 10　磁单极子存在吗…………188
专栏 11　弦和膜能说明重力和电磁力不同吗…………206

第 1 章

<基础篇>

电磁学的基础知识

“牛顿力学”和“麦克斯韦电磁学”构成了经典物理学的两大支柱体系。第 1 章将简略叙述电磁学的历史。为了理解电磁学中具有超距离作用的“场”这一重要概念，本章将对数学上的处理方法以及物理量的量纲进行说明。

1-1 <基础篇>

电和磁的发现与历史

早在古希腊时代，人们发现了摩擦带电和磁铁矿中的神秘吸引力，从而认识了电力和磁力。下面让我们一同来追寻电磁学的历史吧！

古希腊的琥珀和磁铁矿

公元前 600 年左右，古希腊的自然哲学家泰勒斯发现用动物毛皮摩擦琥珀会吸引物体。琥珀是树脂在地下经过长年的固化而形成的黄褐色宝石，希腊语称为 electron，成了 electricity（电）的语源。同期，在古希腊的马格尼西亚地区发现了天然的磁铁，这个地方的名称就成了 magnet（磁铁）的语源（图 1-1）。经历了漫长的岁月，人类逐渐弄清楚电和磁的性质并有效地利用它们，改变了世界。

从吉尔伯特、富兰克林到麦克斯韦

关于磁学，1600 年威廉 · 吉尔伯特（英国）通过小球形磁铁实验验证了地球就是一个大磁铁（图 1-2）。电学方面，1752 年本杰明 · 富兰克林（美国）通过风筝实验，确认了雷的本质就是放电现象。

关于电磁现象，1785 年法国科学家库仑发现了电荷之间的静电力定律；1820 年法国科学家安培根据磁场对电流的作用力发现了安培定律；1831 年英国科学家法拉第发现了磁会生电的电磁感应定律；1864 年，英国科学家麦克斯韦将这些定律理论化，创建了著名的电磁方程；1888 年，德国科学家赫兹完成了电磁波的验证实验，电磁波理论成为

MEMO 提示　电磁学已被麦克斯韦（英国）的四个电磁方程体系化了，这组方程将电磁波与相对论和磁体与量子论统合起来并得到发展。

了支撑着现代信息通信技术（Information and Communication Technologies，ICT）的根基。

电磁波的传播速度不会改变，光也是电磁波存在的一种形式，这些理论逐步发展成为相对论的电动力学。

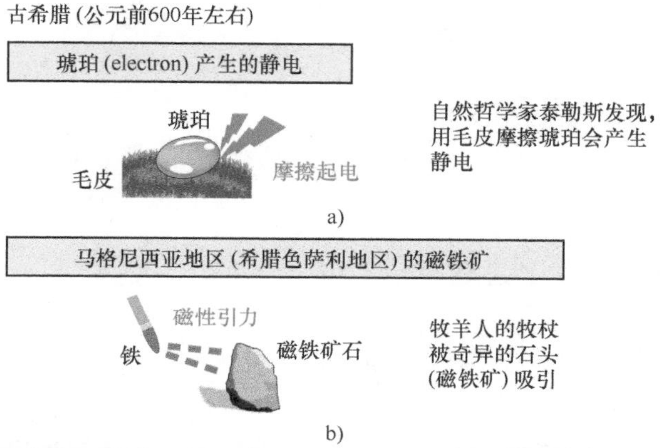

图 1-1

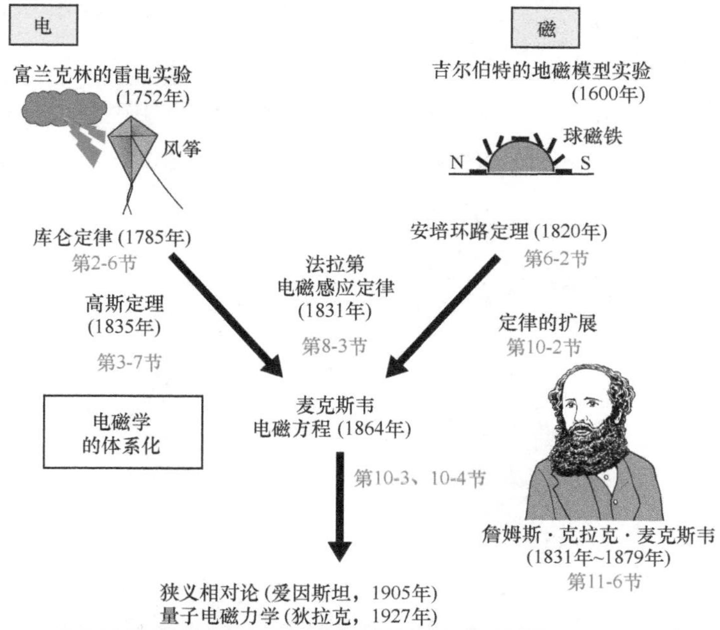

图 1-2

1-2 <基础篇>

力和场的概念

为了移动物体，需要接触到物体并对物体施加作用力。但是，电磁力却能对相隔很远的物体产生作用力。现在我们就来学习这个神奇的远距离作用力吧！

近距离作用和远距离作用

早在十七世纪后半期牛顿提出万有引力之时，很多人都无法理解那个神秘的“来自超远距离的作用力”。人们只能理解弹簧之类的近距离的作用力，而对万有引力究竟是远距离力还是近距离力却争论不休。近距离作用学派用笛卡尔的涡旋传递学说解释万有引力的传递和运动，还有人用更古老的哲学中的“以太”的概念解释远距离力的作用。因为电磁力和重力一样，会远隔空间传递，所以直到十九世纪前半期，发现电磁感应定律的科学家法拉第引入“场”这一崭新的概念，才将电磁力作为“近距离力”来理解（图 1-3）。

电磁场的势峰与势谷

用弹簧或手移动物体时，力直接作用于物体而形成力的传递。而重力、静电力、磁力却在真空中也能传递。这可以理解为：这种力是通过空间的“场”来传递的，即使是真空也不影响这些力的传递。如果是正电荷，则会在它的周围形成电势的波峰。如果是负电荷，就会形成电势的波谷。电势的趋势就是构成力之源的“场”。微小的正电

MEMO 提示　引力和电磁力会借助于“场”来传递物体之间的相互作用。在量子力学中，也把基本粒子作为“场”来处理。

荷会沿着电势这个“坡道”下滑，微小的负电荷会沿着电势这个“坡道”上升（图 1-4）。

电场和磁场随时间的变化，就是能够在真空中传播的电磁波。虽然声波也能远程传播，但是声波必须借助空气以疏密波形式传播，不能在真空中传播。电磁场随时间变化产生电磁波，与此相似，随时间变化的时空（引力场）扭曲也会产生引力波。在距爱因斯坦预言一百年后的 2016 年，科学家们首次成功地直接探测到引力波。

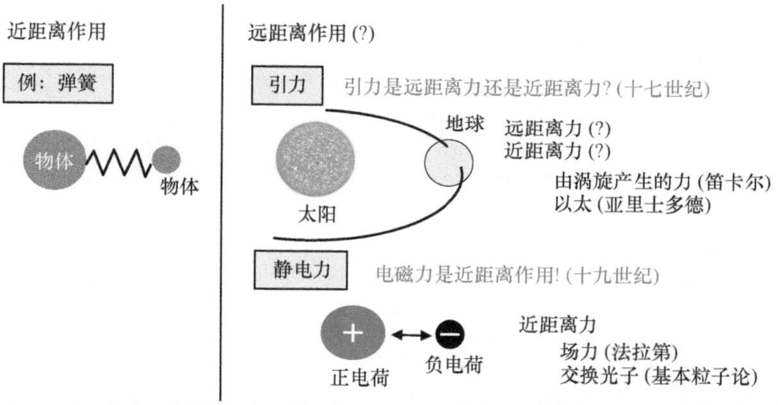

图 1-3

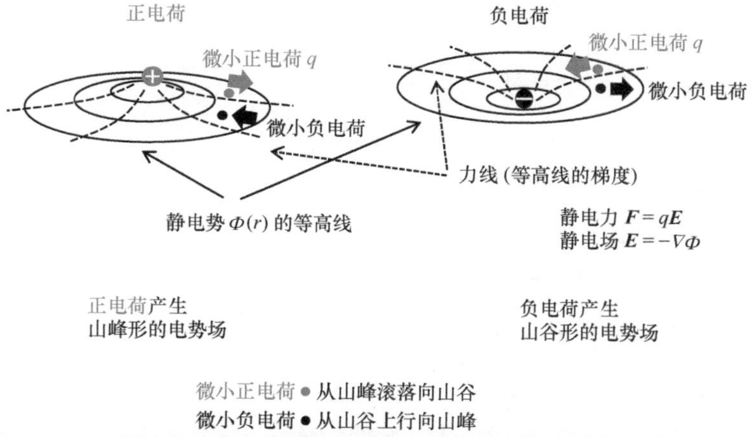

图 1-4

第 1 章

1-3 <基础篇>

标量和向量

物理学是利用数学关系式把物理量统合起来用于揭示物理定律的一门学科。那么，最开始时是如何定义物理量的呢?

物理量与物理定律

物理量是物理学的研究对象，它以“数值+单位”来定义，单位是必要的基准（图 1-5）。例如，仅仅将长度标记为 2，就无法判断是 2cm 还是 2m。必须在确定长度基准单位（例如 1m）后，与基准单位相比较，才能确定数值。

标量、向量与坐标系

物理量分为“仅由大小决定的量”和“具有大小和方向的量”。前者称为标量，后者称为向量。它们定义的场分别叫作标量场和向量场。例如，三维空间中某一点和原点的距离是用向量表示的物理量（向量），但是它的长度是标量。

为了表示三维空间中的位置，需要使用固定原点的坐标系（x,y,z）。坐标系分为右手系和左手系，虽然使用哪一个都没有问题，但常用标准是使用右手系。右手系是按照右手的拇指（x）、食指（y）、中指（z）的顺序确定坐标轴的方向。圆柱坐标（r,θ,z）和球坐标（r,θ,ϕ）通常也使用右手系。普通的骰子也是右手系（图 1-6）。一般来说，物理量会像 A 这样以斜体书写，而 m（米）等单位和点 P 等符

MEMO 提示　点 P 处的电场强度向量 $\boldsymbol{E}_{\mathrm{P}}$ 是斜粗体，不是物理量的下标 P 规定为正体，微分算子 d 和 ∂ 规定为正体。

号使用正体。向量用斜的粗体字母表示（高中的数学、物理中的向量常使用带有上箭头的字母 $\vec{A}$，但是大学以后通常是使用斜粗体）。向量的大小用 $|\boldsymbol{A}|$ 表示，或者斜体不加粗。向量 $\boldsymbol{A}$ 的单位向量是 $\boldsymbol{e}=\boldsymbol{A}/|\boldsymbol{A}|$。

物理量 = 数值 + 单位

标量：大小 (一维向量)
向量：大小和方向 (一阶的张量)

标量场	例如：温度、密度、电势等
向　量	例如：力、电场、磁场等
张　量	例如：应力、电磁、压强等

(*) 向量是一阶 (一个下标) 的张量

图 1-5

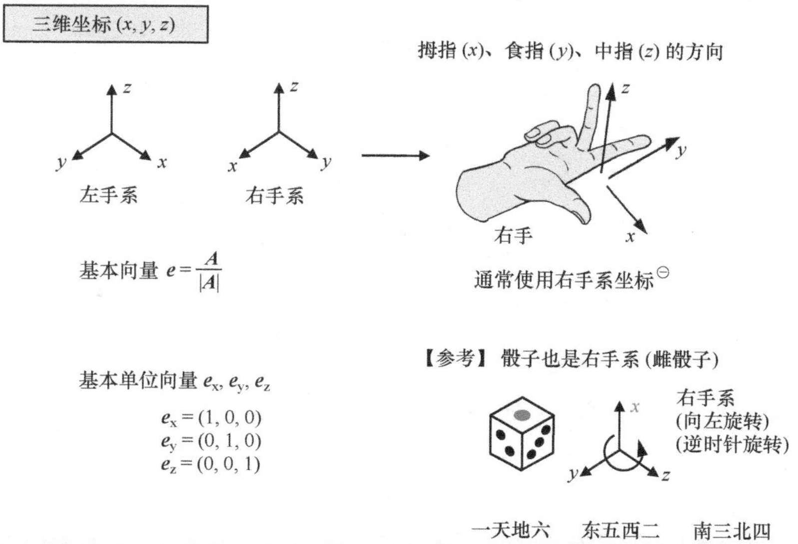

图 1-6

㊀ 中国右手法则：右手半握拳，四指沿着 $x \to y$ 方向，拇指的指向就是 z 方向。——译者注

1-4 <基础篇>

向量场的内积和外积

向量的积和标量的积不同，向量积有两种，一种是作为标量积的内积（点积），另一种是作为正交向量积的外积（叉积）。

内积（标量积、点积）

考虑两个向量 $\boldsymbol{A}$ 和 $\boldsymbol{B}$ 的内积。设两个向量形成的夹角为 θ，$\boldsymbol{A}$ 的大小和 $\boldsymbol{B}$ 在 $\boldsymbol{A}$ 上投影的大小的乘积就是内积（图 1-7a）

$$\boldsymbol{A} \cdot \boldsymbol{B} = |\boldsymbol{A}||\boldsymbol{B}|\cos\theta \tag{1-1}$$

正交的两个向量，它们的内积为零。

作为内积在物理学中的应用，功（能量）就是力和距离的内积。在运动方向 x 和夹角 θ 方向上施加的力 $\boldsymbol{F}$ 所做的功（能量）就是用内积定义的（图 1-7b）。

在电磁学中，为了表示垂直的电场强度 $\boldsymbol{E}$ 在某个平面 $\mathrm{d}\boldsymbol{S}$ 上的分量，$\boldsymbol{E} \cdot \mathrm{d}\boldsymbol{S}$ 这样的内积被用于高斯定理中。这里，作为平面向量的 $\mathrm{d}\boldsymbol{S}$ 使用了与平面（不是切线分量 $\boldsymbol{t}$）垂直的法线分量 $\boldsymbol{n}$（参照 3-7 节）。

外积（向量积、叉积）

两个向量 $\boldsymbol{A}$ 和 $\boldsymbol{B}$ 的外积（向量积）$\boldsymbol{A}\times\boldsymbol{B}$，大小是由向量构成的平行四边形的面积，方向是相对于 $\boldsymbol{A}$、$\boldsymbol{B}$ 都正交的向量。外积的大小在构成角为 θ 时是

$$|\boldsymbol{A}\times\boldsymbol{B}| = |\boldsymbol{A}||\boldsymbol{B}|\sin\theta \tag{1-2}$$

MEMO 提示　在标量积中乘法交换律 $A \cdot B = B \cdot A$ 成立，但在向量积中乘法交换律并不成立，$\boldsymbol{A}\times\boldsymbol{B} = -\boldsymbol{B}\times\boldsymbol{A}$。

在物理学中，外积被用于扭矩（力矩）。在用扳手转动螺钉的扭矩分析中，要考虑转动半径和力的乘积的力矩。扭矩向量的方向就是右旋螺钉前进的方向（图 1-8）。在电磁学中，洛伦兹力 $q\boldsymbol{v}\times\boldsymbol{B}$ 和毕奥 · 萨伐尔定律使用了外积。

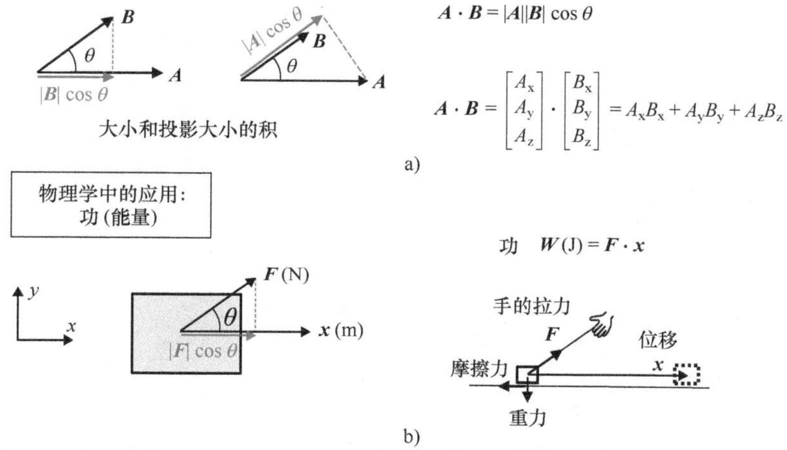

图 1-7

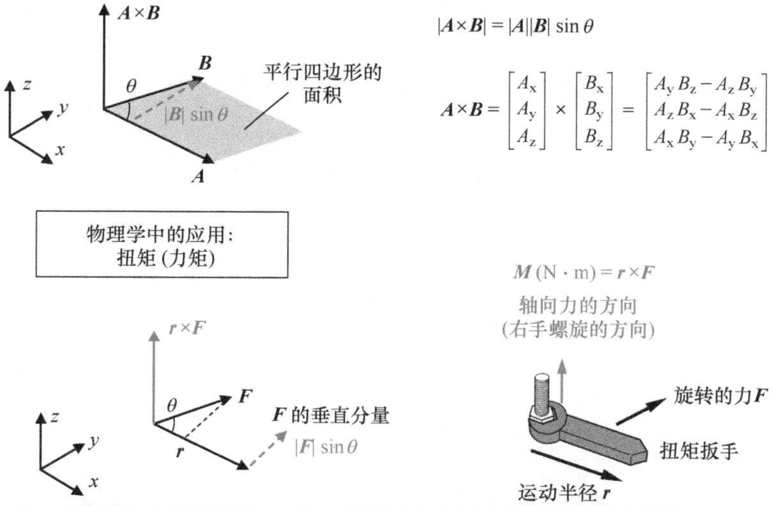

图 1-8

1-5 <基础篇>

场的微分

函数 $f(x)$ 的微分（导数）表示函数的切线的斜率。在多变量的情况下，将进行微分的变量以外的变量都视为常量，这就是偏微分。

微分的定义

微分是将某个函数的切线斜率（变化率）极限地缩小，求出导数（微分系数）的过程（图 1-9）。微分的定义式是

$$f'(x)=\frac{\mathrm{d}f(x)}{\mathrm{d}x}=\lim_{\Delta x\to 0}\frac{f(x+\Delta x)-f(x)}{\Delta x} \tag{1-3}$$

这是一阶导数（斜率）的定义，对 $f'(x)$ 进一步微分可以得到二阶导数（曲率）。很多物理现象都可以利用微分方程来表示和分析。

全微分、偏微分与守恒定律

假设物理量是用时间 t 和空间 $\boldsymbol{r}$ 的函数 $f(t,\boldsymbol{r})$ 来定义的，则有

$$\frac{\mathrm{d}f}{\mathrm{d}t}=\frac{\partial f}{\partial t}+\frac{\mathrm{d}\boldsymbol{r}}{\mathrm{d}t}\cdot\frac{\partial f}{\partial \boldsymbol{r}}=\frac{\partial f}{\partial t}+(\boldsymbol{v}\cdot\boldsymbol{\nabla})f,\quad \boldsymbol{v}=\frac{\mathrm{d}\boldsymbol{r}}{\mathrm{d}t} \tag{1-4}$$

式（1-4）左边的 f 关于 t 的全微分称为拉格朗日微分（对流微分），它表示流体的坐标系随时间变化。右边第一项 f 关于 t 的偏微分称为欧拉微分，表示在固定坐标系中 f 随时间的变化（图 1-10）。一般来说，物理量 f 的守恒式，包括通量 $\boldsymbol{\Gamma}=f\boldsymbol{v}$ 和源项 S_f，都会由式（1-5）给出

MEMO 提示　单变量的微分被称为“常微分”，多变量的情况下被称为“全微分”或“偏微分”。

$$\frac{\partial f}{\partial t}+\nabla\cdot\boldsymbol{\Gamma}=S_{\mathrm{f}} \tag{1-5}$$

特别是当拉格朗日导数为零时。

一阶导数（一阶微分系数）

$$f'(x)=\lim_{h\to 0}\frac{f(x+h)-f(x)}{h}=\frac{\mathrm{d}f}{\mathrm{d}x}$$

二阶导数（二阶微分系数）

$$f''(x)=\lim_{h\to 0}\frac{f'(x+h)-f'(x)}{h}=\frac{\mathrm{d}^2 f}{\mathrm{d}^2 x}$$

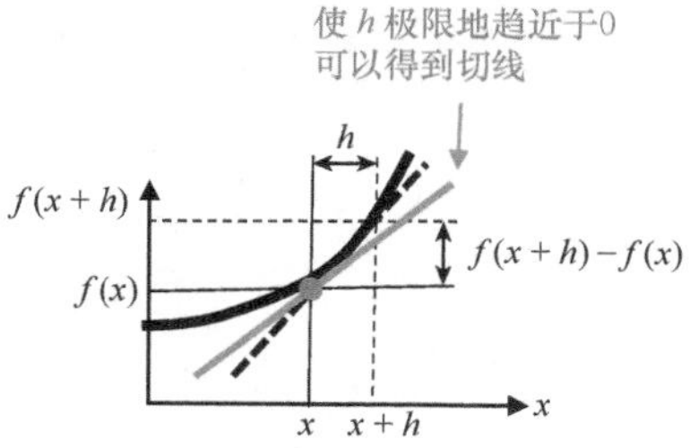

函数 $f(x)$ 的一阶导数表示函数的斜率（梯度）
二阶导数表示函数的曲率（斜率的变化率）

图 1-9

多变量的微分

$$\mathrm{d}f=\frac{\partial f}{\partial x}\mathrm{d}x+\frac{\partial f}{\partial y}\mathrm{d}y$$ ⊖

全微分　偏微分系数

在多变量函数中，偏微分是指除了进行微分的变量以外，其他变量都视为常数的微分

拉格朗日微分（对流微分）

$$\frac{\mathrm{d}f}{\mathrm{d}t}=\frac{\partial f}{\partial t}+\frac{\mathrm{d}\boldsymbol{r}}{\mathrm{d}t}\cdot\frac{\partial f}{\partial \boldsymbol{r}}=\frac{\partial f}{\partial t}+(\boldsymbol{v}\cdot\nabla)f$$

坐标固定 变量随时间变化　时间固定 变量随坐标变化

欧拉微分

守恒定律

$$\frac{\partial f}{\partial t}+\nabla\cdot\boldsymbol{\Gamma}=S_{\mathrm{f}}$$

通量 $\boldsymbol{\Gamma}=f\boldsymbol{v}$

$$\frac{\partial f}{\partial t}+(\boldsymbol{v}\cdot\nabla)f+f\nabla\cdot\boldsymbol{v}=\frac{\mathrm{d}f}{\mathrm{d}t}+f\nabla\cdot\boldsymbol{v}=S_{\mathrm{f}}$$

$\nabla\cdot\boldsymbol{v}=0$ ：非压缩性流体
$\nabla\cdot\boldsymbol{v}\neq 0$ ：压缩性流体

图 1-10

⊖ 此式右边第二项原书错误，已将 x 改为 y。——译者注

1-6 <基础篇>

场的积分

函数 $f(x)$ 的积分相当于考虑到正负号的 $f(x)$ 和 x 轴之间的总面积。在场的积分中，可以使用将微小的区域相加的线、面、体的积分。

积分的定义

一维函数 $f(x)$ 的定积分的定义是，设 $x_k=a+k\Delta x,\Delta x=(b-a)/N$，则有

$$F(x)=\int_a^b f(x)\,\mathrm{d}x=\lim_{N\to\infty}\sum_{k=0}^{N} f(x_k)\,\Delta x \tag{1-6}$$

相当于将 Δx 的细条宽度细化并且相加（图 1-11）。

$$\frac{\mathrm{d}F(x)}{\mathrm{d}t}=f(x) \tag{1-7}$$

构成上式的函数 $F(x)$ 称为 $f(x)$ 的原函数，$f(x)$ 称为 $F(x)$ 的导函数。

在三维向量场 $\boldsymbol{A}$ 中，可以使用沿路径向量线元 $\mathrm{d}\boldsymbol{l}$（向量为切线方向）的内积 $\boldsymbol{A}\cdot\mathrm{d}\boldsymbol{l}$ 相加的线积分，以及垂直穿过平面 $\mathrm{d}\boldsymbol{S}$（向量为法线方向）的向量分量 $\boldsymbol{A}\cdot\mathrm{d}\boldsymbol{S}$ 相加的面积分（法线面积分）。

多重积分、环路积分、闭曲面积分

在电磁场的分析中，特别地使用了绕闭曲线 $\boldsymbol{C}$ 一周的积分（环路线积分）$\oint_C \boldsymbol{A}\cdot\mathrm{d}\boldsymbol{l}$ 和关于覆盖某个体积的闭曲面 $\boldsymbol{S}$ 的积分（闭曲面积分）$\oint_S \boldsymbol{A}\cdot\mathrm{d}\boldsymbol{S}$。其中，$\mathrm{d}\boldsymbol{l}$ 是曲线 $\boldsymbol{C}$ 的切线方向的向量，$\mathrm{d}\boldsymbol{S}$ 是曲面 $\boldsymbol{S}$ 的法线方向的向量。

MEMO 提示　所谓原函数就是不定积分，所谓导函数就是函数的微分。

在没有涡旋的向量场中环路线积分为零，但是，通过将以环绕路径 **C** 为边界的曲面内的微小涡旋相加来进行面积分，就可以使之与环路线积分一致（**斯托克斯旋度定理**）（图 1-12a）。并且，虽然在没有单纯涌出的向量场中，由于流入和流出平衡，所以闭曲面积分为零，但是通过将内部的微小涌出相加来进行体积分，就会变得与闭曲面积分相同（**高斯散度定理**）（图 1-12b）。

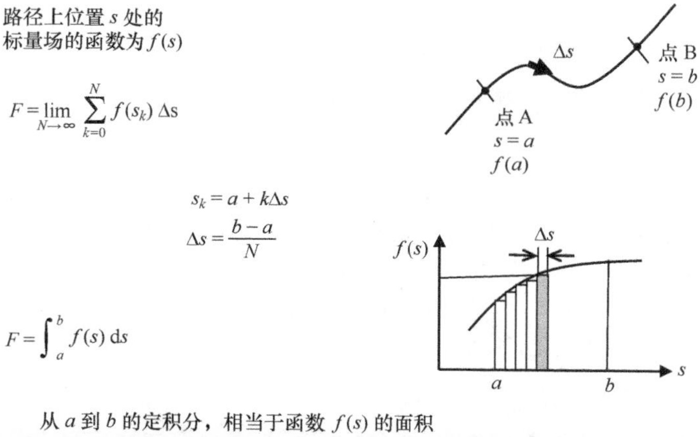

图 1-11

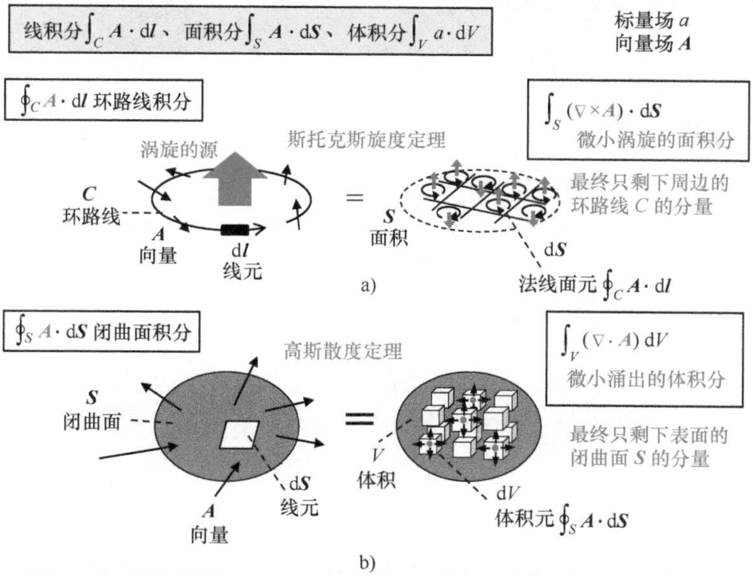

图 1-12

1-7 <基础篇>

基本单位和物理量量纲

物理单位的基础是空间、时间、质量以及与电磁相关的电流。本节将学习由基本单位创建的导出单位。

质量、时间、空间、电流

物理的基本概念是空间、质量、时间，它们的基本单位是米（m）、千克（kg）、秒（s），再加上电磁学中电流的单位（A：安培），这4个单位构成了**MKSA单位制**。在MKSA这4个单位的基础上，又添加了温度（K：开尔文）、物质的量（mol：摩尔）、发光强度（cd：坎德拉）这3个单位，并以这7个基本单位构成国际单位制或称**SI单位制**（SI：法语中是“国际单位”的首字母）。由基本单位可以构建各种导出单位。其中包括力的单位（N：牛顿），能量的单位（J：焦耳），电压的单位（V：伏特）等（图1-13）。

导出单位的量纲

空间的线、面、体分别是一维、二维、三维，在国际单位制中的单位是m、m^2、m^3。如果将长度设为L，写成L、L^2、L^3，则可以描述并不依赖单位制的量纲的概念。将长度写成L（Length），质量写成M（Mass），时间写成T（Time），电流（强度）写成I（Intensity of electricity），当物理量的导出单位是$m^a kg^b s^c A^d$时，就会用$L^a M^b T^c I^d$来

MEMO 提示　本书中，力是用F、F(N) 来表示的，由于物理量F选择不同的单位会出现数值不同的情况，所以就在物理量后面缀上单位，如F(N)、F(kgf) 等。日本用方括号 [ ] 来指定单位。

表示物理量的量纲。例如，在国际单位制中，加速度的单位是 $m \cdot s^{-2}$，所以加速度的量纲是 LT^{-2}（表 1-1 和表 1-2）。

在量纲相同的情况下，可以做物理量的加减法。但是量纲不同的物理量是不能做加减法的。例如 3m+50cm＝3m+0.5m＝3.5m，但是不能有 3m+5kg 的计算。

在物理计算题中，如果按国际单位制计算，则中间过程只做数值计算，仅需要在最后结果处填写上相应的国际单位制的单位即可。

基本概念　空间、时间、质量、电流

基本单位

MKSA 单位制　长度 (m)、质量 (kg)、时间 (s)、电流 (A)

SI 单位制　长度 (m)、质量 (kg)、时间 (s)、电流 (A)、温度 (K)、物质的量 (mol)、发光强度 (cd)

图 1-13

表 1-1

基本概念	基本单位	单位符号	量纲
长度	米	m	L
质量	千克	kg	M
时间	秒	s	T
电流	安培	A	I

表 1-2

基本单位	单位名称	单位符号	定义	SI 基本单位	量纲
力	牛顿	N	J/m	$m \cdot kg \cdot s^{-2}$	LMT^{-2}
压强	帕斯卡	Pa	N/m^2	$m^{-1} \cdot kg \cdot s^{-2}$	$L^{-1}MT^{-2}$
能量	焦耳	J	$N \cdot m$	$m^2 \cdot kg \cdot s^{-2}$	L^2MT^{-2}
功率	瓦特	W	J/s	$m^2 \cdot kg \cdot s^{-3}$	L^2MT^{-3}
电荷量	库仑	C	$A \cdot s$	$s \cdot A$	TI
电压	伏特	V	J/C	$m^2 \cdot kg \cdot s^{-3} \cdot A^{-1}$	$L^2MT^{-3}I^{-1}$
电容量	法拉	F	C/V	$m^{-2} \cdot kg^{-1} \cdot s^4 \cdot A^2$	$L^{-2}M^{-1}T^4I^2$
电阻	欧姆	Ω	V/A	$m^2 \cdot kg \cdot s^{-3} \cdot A^{-2}$	$L^2MT^{-3}I^{-2}$
磁通	韦伯	Wb	$V \cdot s$	$m^2 \cdot kg \cdot s^{-2} \cdot A^{-1}$	$L^2MT^{-2}I^{-1}$
磁通密度	特斯拉	T	Wb/m^2	$kg \cdot s^{-2} \cdot A^{-1}$	$MT^{-2}I^{-1}$

1-8 <基础篇>

基本单位的定义

安培作为电磁学中的**基本单位**，可以由两个电流的相互吸引力来定义。这与定义长度单位“米”时的光速值有关。

MKS 单位的定义

米（m）作为长度的基本单位，在古代被定义为“地球北极到赤道距离的千万分之一”，此后一直以米原器为基准。现在的定义是“光在真空中每秒行进距离的 299792458 分之一”。这相当于用 9 位有效数字定义了真空中的光速（图 1-14a）。

千克（kg）是质量的基本单位，2019 年将构成量子论基础的普朗克常数固定为 $6.662606957\times10^{-34}$ J · s，并根据光子能量和静止质量来确定 kg（图 1-14b）。

秒（s）作为时间的基本单位，以前是以平均太阳日的 86400 分之一来定义的，现在 1 秒的定义是使用原子钟确定为“铯 133 原子发射出的特定光波的 9192631770 个周期”（图 1-14c）。

单位安培（A）的定义

有两条平行的无限长导体 A 和 B，导体 B 中的电流 I_B(A) 在与其相距 r(m) 的导体 A 上产生的磁通密度 $B_{A\leftarrow B}$(T) 如下：

$$B_{A\leftarrow B}(\mathrm{T})=\frac{\mu_0 I_B}{2\pi r} \tag{1-8}$$

MEMO 提示　目前基本单位已经被修改为用物理常数来定义，长度的标准米原器和质量的标准千克原器分别于 1960 年和 2019 年完成了其历史使命。

因此，导体 A 中流过的电流 I_A（A）在每 1m 导体上产生的力 f_A（N/m）为

$$f_A = B_{A\leftarrow B} I_A = \frac{\mu_0 I_A I_B}{2\pi r} \tag{1-9}$$

同样，根据作用力等于反作用力，$f_A = f_B$，可以计算出 f_B，根据安培（A）的定义（图 1-15），当 $I_A = I_B = 1\text{A}$，$r = 1\text{m}$ 时，有 $f_A = f_B = 2\times 10^{-7}\text{N/m}$，因此根据式（1-9），真空的磁导率为 $\mu_0 = 4\pi\times 10^{-7}\text{T}\cdot\text{m/A}$。另外，真空的介电常数 ε_0 的数值可由光速来定义（图 1-15 最下方）。

（定义的数值使用 9 位有效数字）

长度 m

旧制：地球北极到赤道距离的千万分之一

现状：光在真空中每秒行进距离的299792458分之一

a)

质量 kg

旧制：1升 (1000cm^3) 水的质量为1kg

以前：国际标准千克原器，也曾经讨论用阿伏加德罗常数来定义

最近：将普朗克常数修改为质量的固定定义 (2019年)

b)

时间 s

旧制：平均太阳日的86400分之一

现状：从铯133原子发射出的特定光波的9192631770个周期

c)

图 1-14

电流 A

在真空中以1m的间隔平行地放置具有无限小圆形截面的无限长的两条直线导体，并分别流过同样的恒定电流，使这些导体每1m长度上受到的作用力为2×10^{-7}N，这个电流定义为1安培 (A)

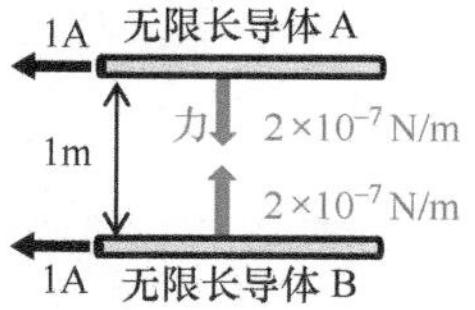

导体 B 在导体 A 上形成的磁通密度为

$$B_{A\leftarrow B}(\text{T}) = \frac{\mu_0 I_B}{2\pi r}$$

由这个磁场形成的作用于导体 A 每单位长度的力为

$$f_A(\text{N/m}) = B_{A\leftarrow B} I_A = \frac{\mu_0 I_A I_B}{2\pi r}$$

真空磁导率的定义

若将 $I_A = I_B = 1\text{A}$，$r = 1\text{m}$ 代入上式，则根据安培定律可得

$$f_A = 2\times10^{-7}\text{N/m}$$

所以 $\mu_0 = 4\pi\times10^{-7}\ \text{T}\cdot\text{m/A}$

真空介电常数的定义

根据电磁波的方程 (见11-1节)，真空中的电磁波速度为 $\frac{1}{\sqrt{\varepsilon_0\mu_0}}$。因为这也是光速 $c = 2.99792458\times10^8\text{m/s}$的定义，所以

$$\varepsilon_0 = 1/(c^2\mu_0) \approx 8.854\times10^{-12}\ \text{F/m}$$

图 1-15

第1章

选择测试题

答案见 20 页

测试题 1.1　左右和上下不同吗？

镜子里映出的影像是上下不变，左右相反的，镜子里反映的字也是左右相反的。以下原因，哪个是正确的呢？（可选多项）

① 因为人类的眼睛是左右分开的

② 因为重力总是在起作用

③ 因为想到了绕到镜子后面的自己

④ 实际上，左右和上下都没有颠倒

测试题 1.2　电压的物理量纲是什么？

电荷 q(C) 在电压 U(V) 的电场中移动，需要的能量是 $W(\mathrm{J}) = qU$。或者是电压 U(V) 和电流 I(A) 的乘积，即功率 P(W)。请注意这些关系，下列哪一个电压 U 的量纲是正确的呢？

① $\mathrm{L^2MT^{-2}I^{-1}}$　② $\mathrm{L^2MT^{-3}I^{-1}}$　③ $\mathrm{L^3MT^{-2}I^{-1}}$　④ $\mathrm{L^3MT^{-3}I^{-1}}$

专栏1

神奇的远距离力能获得诺贝尔物理学奖吗

作为远距离作用的引力和电磁力，现在已经被理解为场的近距离力了。但是，在量子论的世界里，竟然有连爱因斯坦都不承认的奇妙的远距离力？“量子纠缠”，当使一对电子（自旋为+和-）移动到很远的地方时，在测量其中一个电子的自旋瞬间，就能确定远处另一个电子的自旋状态。这意味着信息可以超过光速而远距离传递。

1982 年，阿兰·阿斯佩（法国）利用“贝尔不等式”进行实验，证明了这一点，包括阿斯佩在内的 3 人被授予 2022 年诺贝尔物理学奖。现在，这项技术正被应用于量子计算机中。

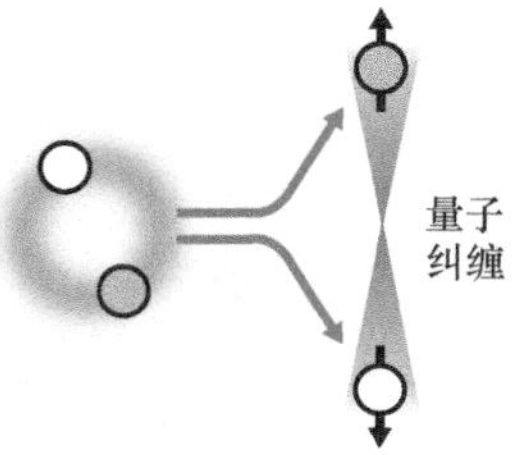

综合测试题

问题对应于各节的总结/答案见20页

1-1 近代电磁学，始于［　　（人名）］的地磁模拟实验研究而逐步发展起来。［　　（人名）］建立了单流体学说，提出电流是一种电荷流体，并取得了历史性的突破。

1-2 引力和电磁力的远距离作用，是利用空间［　　］的概念被理解为近距离力的。这是由［　　（人名）］首先提出来的。

1-3 物理量用［　　］和［　　］的组合来表示。向量用［　　］和［　　］来定义。

1-4 在向量 $\boldsymbol{A}=(x_A, y_A, z_A)$ 和 $\boldsymbol{B}=(x_B, y_B, z_B)$ 中，内积 $\boldsymbol{A}\cdot\boldsymbol{B}=$［　　］，外积 $\boldsymbol{A}\times\boldsymbol{B}$ 的 x 分量是［　　］。若设 $\boldsymbol{A}$ 和 $\boldsymbol{B}$ 的角度为 θ，则外积的绝对值是 $|\boldsymbol{A}||\boldsymbol{B}|$［　　］。

1-5 作为场的物理量的时间变化，有全微分的［　　（人名）］微分和偏微分的［　　（人名）］微分。前者是在流体坐标系上的时间变化，后者表示在固定坐标上的时间变化。

1-6 斯托克斯定理中表示了在闭曲线 $\boldsymbol{C}$ 中的［　　］积分和在由闭曲线 $\boldsymbol{C}$ 规定的任意闭曲面 $\boldsymbol{S}$ 中的涡旋的［　　］积分之间的关系。

1-7 SI 单位制的基本单位有 m（米）、kg（千克）、s（秒）、［　（　）］和 K（开尔文）、mol（摩尔）、［　（　）］这 7 个。使用这些基本单位而新增定义的 N（牛顿）、V（伏特）等被称为［　　］单位。

1-8 作用在相距 1m 远的两个无限长平行电流上的力，每单位长度为［　　（单位）］，则定义该电流为 1A。SI 单位制中这个单位长度上的作用力的数值为真空磁导率 μ_0 的［　　］分之一。

测试题答案

答案 1.1　哪个答案都不完整

【解释】①：即使用一只眼睛观看，也是同样结果，所以这个理由不成立。

②：重力与③的原因有关，但并不是主要原因。

③：心理性的这个原因容易理解，但并不完整。

④：用竖直的镜子来解释是正确的，但不完整。

确切地说，由于光的反射，垂直于镜子的方向会发生影像反转。对于竖直的镜子，影像前后翻转。平放在地板上的镜子影像上下翻转。

【参考】镜像问题还涉及在三维坐标中的右手系（标准）和左手系的区别。作为物理现象，还会涉及正、负两类磁性自旋。

答案 1.2　②

【解释】根据功 $W(\mathrm{J})=q(\mathrm{C})U(\mathrm{V})$ 得到（V）=（J/C）。功是力和距离的乘积，因为力的量纲是质量与加速度的乘积，所以（J）=（N·m）=（$\mathrm{kg\cdot m^2/s^2}$）。电荷量是电流和时间的乘积，所以（C）=（A·s）。因此，（V）=[$\mathrm{kg\cdot m^2/(s^3\cdot A)}$]。所以 U 的物理量纲是 $\mathrm{L^2MT^{-3}I^{-1}}$。

或者，使用另一种方法，根据功率 $P(\mathrm{W})=I(\mathrm{A})U(\mathrm{V})$，（V）=（W/A）。功率是功除以时间的量纲，（W）=（J/s）=（$\mathrm{kg\cdot m^2/s^3}$）。因此，（V）=（$\mathrm{kg\cdot m^2\cdot s^{-3}\cdot A^{-1}}$），所以 U 的物理量纲是 $\mathrm{L^2MT^{-3}I^{-1}}$。

综合测试题答案（满分 20 分，目标 14 分以上）

（1-1）吉尔伯特，富兰克林

（1-2）场，法拉第

（1-3）数值，单位，大小，方向

（1-4）$x_Ax_B+y_Ay_B+z_Az_B$，$y_Az_B-z_Ay_B$，$\sin\theta$

（1-5）拉格朗日，欧拉

（1-6）环路线，面

（1-7）A（安培），cd（坎德拉），导出（或诱导）

（1-8）$2\times10^{-7}\mathrm{N/m}$，$2\pi$

第 2 章

<电荷 · 静电场篇>

静电力

静电力是在两个静止的电荷之间产生的吸引力或者排斥力，静电力的方向取决于电荷的正负号，这就是著名的库仑定律。第 2 章将会基于稳恒电场的基本性质来叙述静电感应和静电屏蔽，还会提及导体和绝缘体之间的区别。

2-1 <电荷 · 静电场篇>

静电力

在我们身边经常看到摩擦带电的现象，想一想，摩擦带电是怎样发生的？哪些物质容易发生摩擦带电的现象？

摩擦带电的产生

在天气干燥的冬季，触摸金属门把手时会出现“啪”的一声响，还会感到电击的疼痛，脱下毛衣时也会发出“啪”的放电声音，这些都是静电引起的放电现象。对于金属门把手来说，手指带正电，当手指靠近门把手时，会把门把手上的负电荷吸引到手指附近，从而引起放电（图 2-1）。如果是塑料之类的绝缘门把手，则不会发生这种电击。

用梳子梳头，头发会飘浮起来。当梳子与头发相互摩擦时，自由电子从头发移动到梳子上，负电荷聚积在梳子上，头发则带有正电荷，在梳子周围产生静电场，从而使得带正电的头发飘浮起来。

摩擦带电的机理

一般情况下，把两个物体放在一起摩擦时，物体表面分子中的自由电子就会移动，目标物体带负电，源物体带正电（图 2-2），这种现象叫作摩擦带电，也叫作静电。清洁干燥的玻璃、塑料之类的绝缘物体的表面很容易带有静电。即便是导电的物体，例如金属，也可以通

MEMO 提示　电子（electron）是指带有负电的粒子。这个单词源于希腊语的琥珀一词。琥珀和毛皮相摩擦，琥珀带负电，毛皮带正电。这和梳子带负电、头发带正电的摩擦带电现象相类似。

过与周围相绝缘而使之带电。

用丝绸摩擦玻璃棒时，玻璃棒带正电，丝绸带负电。用毛皮摩擦氯乙烯棒会使氯乙烯棒积存负电荷。电子容易离开的物体带正电，电子不易离开的物体带负电。图 2-1 中展示了一个摩擦带电序列表，它显示了电子逸出难易程度的顺序。但是，这个顺序并不是绝对不变的，因为它还会受到材质表面状态和环境条件的影响。

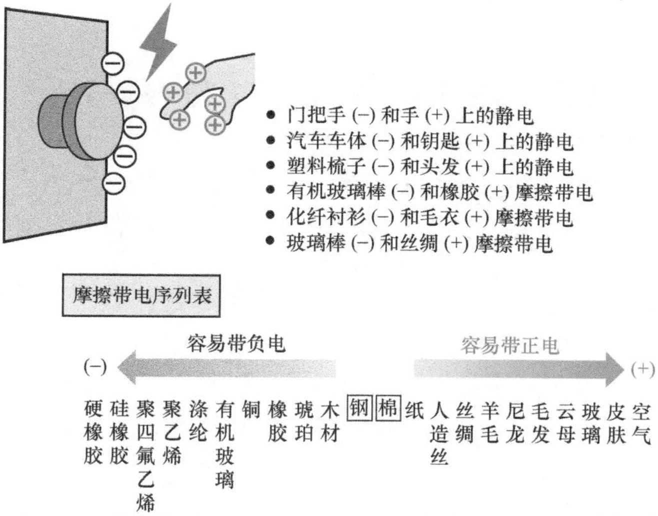

图 2-1

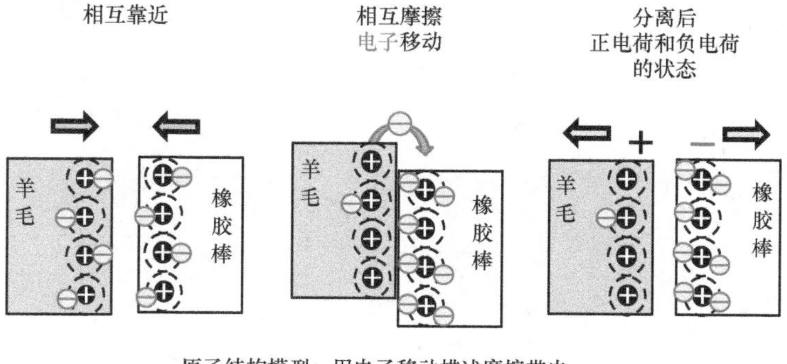

原子结构模型：用电子移动描述摩擦带电

图 2-2

电荷和基本电荷量

物质中的电荷起源于带负电荷的电子和带正电荷的质子，下面就根据物质的内部结构来研究一下电荷的数量吧！

分子的结构和基本粒子（电子和夸克）

产生静电的起源称为电荷，电荷分为正电荷和负电荷。其带电的多少称为电量、电荷量，或者简称为电荷。电量的单位是库仑（C），是以法国科学家库仑的名字命名的。库仑定义为电流（A）与时间（s）的乘积。

图 2-3 所示为水分子结构的示意图。物质由分子或原子构成，是由带负电 $-e$(C）的电子（electron）和带正电的原子核构成的。原子核是由带正电 $+e$ 的质子（proton）和不带电的中子（neutron）构成的。质子和电子所带的电荷量大小相同，极性相反。由一个电子或质子构成的电荷称为元电荷，其所带的电荷量称为基本电荷量或者元电荷，为

$$e = 1.602\times10^{-19}\,\mathrm{C} \tag{2-1}$$

一个电荷的带电量是指这个电荷所带电量是基本电荷量 e 的整数倍数。通常电荷由数量庞大的元电荷组成，所以可以认为电荷量是一个连续量。

质子和中子的电荷

构成物质的基本粒子（elementary particle）结构上是不可再分的

MEMO 提示　质子和中子属于重粒子（baryon），是由 3 个夸克组成的；介子（meson）是由 2 个乃至 1 个夸克组成的。也会有电荷量为 $e/3$ 的基本粒子。

终极粒子。质子和中子是由基本粒子**夸克**组成的，夸克分为下夸克（d）和上夸克（u）。质子由 1 个下夸克（d）和 2 个上夸克（u）组成，中子由 2 个下夸克（d）和 1 个上夸克（u）组成。上夸克（u）的电量为$+(2/3)e$。下夸克（d）的电量为$-(1/3)e$。由此可见，质子的夸克电量之和为$+e$，中子的夸克电量之和为零（图 2-4）。实际上，夸克是不能从核子中单独分离出来的，所以 e 是电荷量的基本单位。

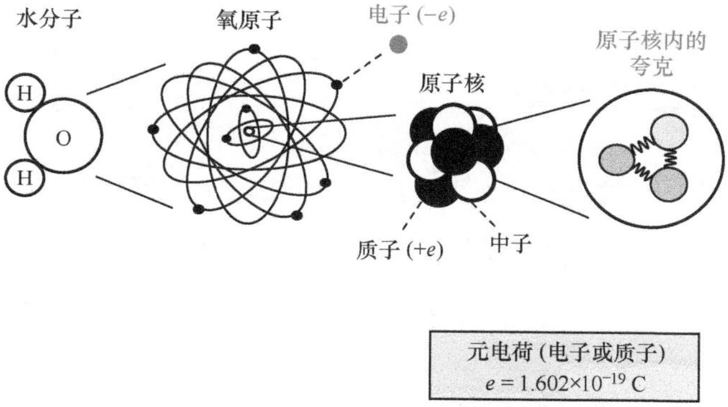

图 2-3

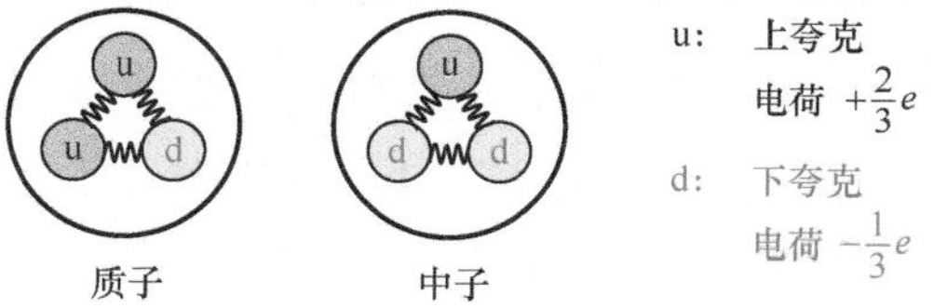

电荷 质子：$+\frac{2}{3}e\times2-\frac{1}{3}e=+e$

中子：$+\frac{2}{3}e-\frac{1}{3}e\times2=0$

图 2-4

2-3 <电荷 · 静电场篇>

静电感应和静电屏蔽

将带电体靠近导体时，导体表面就会感应出静电，而导体内部的电位为零，从而屏蔽了外界的静电感应。

静电感应的原理

用带电的绝缘棒和不带电的金属球做实验。当带电棒靠近金属球时，由于受到带电棒的电荷吸引，金属球与带电棒相近一侧聚集了与带电棒相反极性的电荷，而在金属球的远侧则聚集了与带电棒极性相同的电荷（图 2-5a），这种现象叫作静电感应。当金属球接地，带电棒靠近金属球时，金属球远侧的电荷消失。

金属箔验电器是用于检查物体是否带电的仪器。将带有负电的带电棒靠近验电器的金属板时，正电荷被感应到金属板表面，负电荷就聚集在金属箔上，金属箔张开（图 2-5b）。与此相似，当带电体靠近导体时，导体与带电体的相近一侧聚集了与带电体极性相反的电荷，在导体的远侧产生与带电体极性相同的电荷。在这种情况下，根据电荷守恒原理，导体两侧的正负电荷数量为绝对值相等。

静电屏蔽的原理

将正电荷置于导体内部，导体不接地。由于静电感应的作用，导体的内表面感应出负电荷，导体的外表面感应出正电荷，在这种情况下，在导体的外部空间也会产生电场（图 2-6a）。而当导体接地时，

MEMO 提示　电和磁的感应现象包括静电感应和介电极化、磁的感应和磁的极化（磁化），以及变化的电磁场引起的电磁感应。

导体所包围的空间以外不会产生电场（图 2-6b）。如果只有导体外部有电荷，那么即使导体不接地，在导体的内部空间中，电位也为零。这是因为球壳形导体的内表面具有相同的静电势（图 2-6c）。通常，导体包围的空间内部与外部空间隔离，外部电场不影响导体内部，这种现象叫作静电屏蔽。

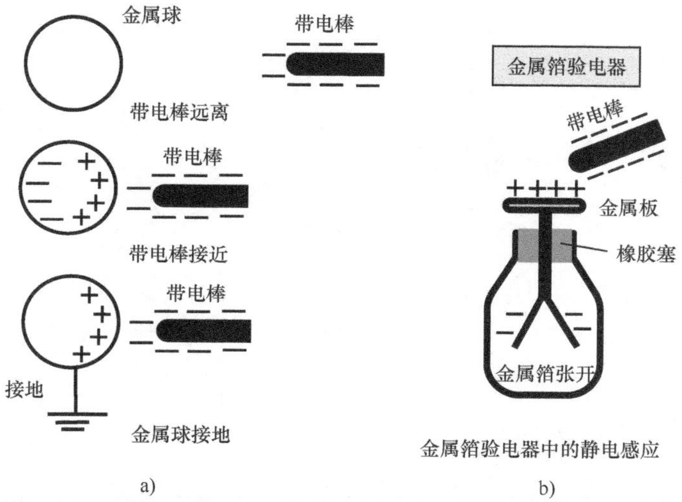

图 2-5

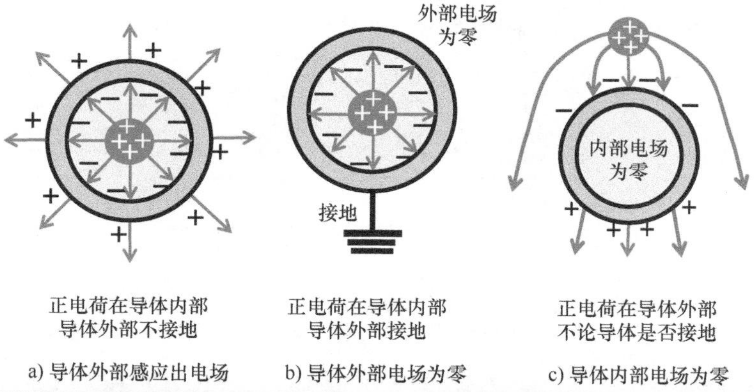

图 2-6

第 2 章

2-4 <电荷 · 静电场篇>

导体和绝缘体

本节将讨论导体和不导电的绝缘体在原子结构方面的差异，以及这两种物质电阻率的差别。

导体和绝缘体的原子结构

不容易导电或导热的物质称为绝缘体（非导体），反之，容易导电或导热的物质分别称为电导体或热导体，简称导体。容易导电的物质意味着有很多自由移动的电子（自由电子、传导电子）。在一个原子内部，电子（价电子）在原子核周围沿着几个特定的轨道（能级）旋转运行。在越外侧轨道上的电子就越容易成为自由电子，因为这些电子的能量高，约束力弱。当许多原子聚集在一起时，能级成为带状而不是线状（图 2-7），这就是所谓的导带（传导带）。充满价电子的能级带叫作价带（价电子带），导带和价带之间是禁带。价电子要成为自由电子，必须跳过禁带，这种禁带宽度（带隙）大的物质就是绝缘物（图 2-8）。

电阻率与传导带、禁带

电导率是表示电子通过难易程度的比例系数。当截面积为 $1m^2$、长度为 1m 的导体，其电阻为 1Ω 时，它的电导率就是 $1\Omega^{-1}m^{-1}$。电导的单位是电阻单位欧姆的倒数 Ʊ，读作姆欧，或者用符号 S（西门子）表示，因此电导率也可以写作 1Ʊ/m 或 1S/m。电阻率是表示电子难于通过程度的比例系数，定义为电导率的倒数，单位为 Ω · m。用电阻

MEMO 提示　电导的单位以德国电气工程师恩斯特 · 维尔纳 · 冯 · 西门子（1816—1892 年）命名。

率 $\rho(\Omega \cdot m)$ 或电导率 $\sigma(℧/m)$ 计算长度为 $L(m)$、截面积为 $S(m^2)$ 的导体的电阻 $R(\Omega)$ 时，由以下公式计算：

$$R = \frac{\rho L}{S} = \frac{L}{\sigma S} \tag{2-2}$$

电阻率与石墨（$1\mu\Omega \cdot m = 10^{-6}\Omega \cdot m$）程度相当或者更低的物质被定义为导体，$1M\Omega \cdot m (= 10^{6}\Omega \cdot m)$ 以上的物质被定义为绝缘体，中间的为半导体。

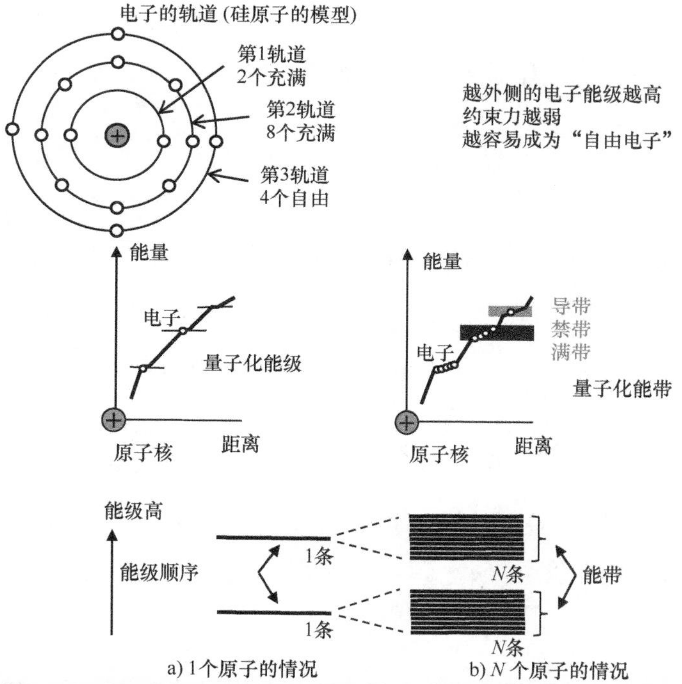

图 2-7

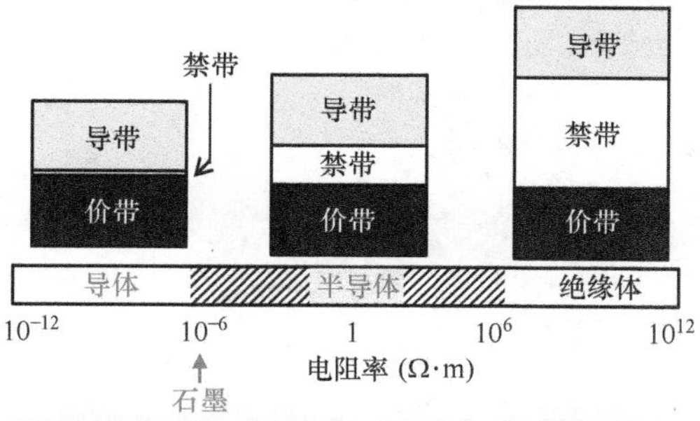

图 2-8

2-5 <电荷 · 静电场篇>

质量和电荷守恒定律

物理的基本原则是质量（实际上是质量和能量）守恒定律和电荷守恒定律。电荷守恒定律用电流公式表示。

粒子、质量和电荷的守恒定律

物质由带负电的电子和带正电的原子核（质子和中子）构成，物质既不会创生也不会消灭。因此，如果没有外部的流入和流出，那么粒子守恒、质量守恒和正负电荷（电量）守恒定律是成立的。例如，当带正电荷 5μC（微库仑）的物体与带负电荷−5μC 的物体接触时，总体电荷为零。当带正电荷 5μC 与带负电荷−3μC 的物体接触时，总体的电荷为 2μC。

电荷守恒定律和能量守恒定律是自然界最基本的物理定律。

例如，物理量粒子密度 n 为连续的，由表示生成或消失的发散项 S_{n} 和速度 $\boldsymbol{v}$ 来定义通量矢量 $\boldsymbol{\Gamma}_{\mathrm{n}}=n\boldsymbol{v}$，则可写出如下的偏微分方程：

$$\frac{\partial}{\partial t}n+\nabla\cdot\boldsymbol{\Gamma}_{\mathrm{n}}=S_{\mathrm{n}} \tag{2-3}$$

公式中的算子 ∇ 称为散度（divergence），这一项表示外部流入或流出的粒子。在质量守恒定律中，质量密度用 nm 表示（图 2-9）。

电荷守恒定律和电流

在电荷守恒定律中，外部生成或消失的项 S 为零，运用电荷密度

MEMO 提示　物理量中的守恒法则是指能量守恒（时间反转对称性）、动量守恒（平移对称性）、角动量守恒（旋转对称性）、电荷守恒（测量对称性）等性质。

$\rho_e = ne$ 和电荷通量密度（电流密度）矢量 $\boldsymbol{j} = ne\boldsymbol{v}$，则有（图 2-10）

$$\frac{\partial}{\partial t}\rho_e + \boldsymbol{\nabla} \cdot \boldsymbol{j} = 0 \qquad\qquad (2\text{-}4)$$

电荷守恒定律是由第 11 章讲述的扩展的安培·麦克斯韦定理以及关于电场的高斯定理推导出来的。物质的固有量除了电荷之外，还包括产生磁性的自旋。自旋守恒法则指出，微观粒子的自旋角动量必须守恒。

粒子	粒子密度 n 粒子通量 $\boldsymbol{\Gamma}_n = n\boldsymbol{V}$	$\dfrac{\partial}{\partial t}n + \boldsymbol{\nabla} \cdot \boldsymbol{\Gamma}_n = S_n$
质量	质量密度 $\rho_m = nm$ 质量通量 $\boldsymbol{\Gamma}_m = nm\boldsymbol{V}$	$\dfrac{\partial}{\partial t}\rho_m + \boldsymbol{\nabla} \cdot \boldsymbol{\Gamma}_m = S_m$
电荷	电荷密度 $\rho_e = -ne$ 电荷通量 $\boldsymbol{j} = -ne\boldsymbol{V}$	$\dfrac{\partial}{\partial t}\rho_e + \boldsymbol{\nabla} \cdot \boldsymbol{j} = S_e$

外部流入或流出项 S_n

发散项 $\boldsymbol{\Gamma}_n$

n

图 2-9

电子和电荷的自旋

电子的自旋不是真正的旋转而是磁的特性 (参照7-6节)

电荷

技术：电子学
半导体器件

$$\frac{\partial}{\partial t}\rho_e + \boldsymbol{\nabla} \cdot \boldsymbol{j} = S_e$$

电荷密度 $\rho_e = ne$

电流密度 $\boldsymbol{j} = ne\boldsymbol{V}$

无外部流入或流出 $S_e = 0$

稳定状态 $\left(\dfrac{\partial}{\partial t} = 0\right)$ $\boxed{\boldsymbol{\nabla} \cdot \boldsymbol{j} = 0}$

$$\left[\begin{array}{ll}\text{假设电流没有流入、流出} & \oint_S \boldsymbol{j} \cdot \mathrm{d}\boldsymbol{S} = 0 \\[2mm] \text{运用高斯散度定理} & \int_V \boldsymbol{\nabla} \cdot \boldsymbol{j}\,\mathrm{d}V = \oint_S \boldsymbol{j} \cdot \mathrm{d}\boldsymbol{S} \\[2mm] \text{得到} \quad \int_V \boldsymbol{\nabla} \cdot \boldsymbol{j}\,\mathrm{d}V = 0 & \therefore \boldsymbol{\nabla} \cdot \boldsymbol{j} = 0\end{array}\right]$$

这相当于基尔霍夫定律的微分形式

自旋 技术：自旋电子学
磁性装置

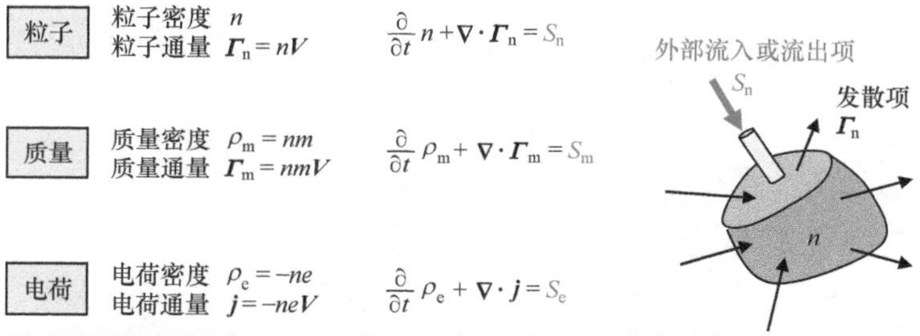

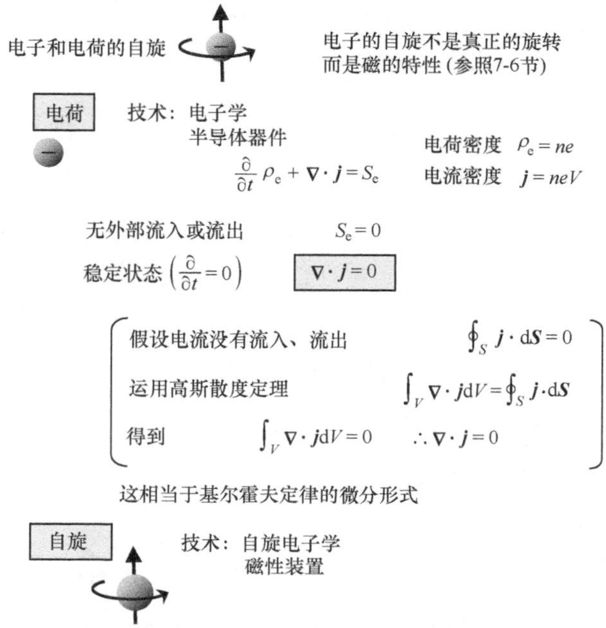

图 2-10

库仑定律

两个电荷之间的静电力与两个电荷量的乘积成正比，与两个电荷之间距离的二次方成反比，这就是著名的库仑定律，和万有引力定律有些类似。

点电荷/距离二次方反比定律

没有大小的理想点状电荷称为点电荷。当两个点电荷分开时，作用在两个电荷上的静电力（库仑力）与两个电荷量的乘积成正比，与两个电荷之间距离的二次方成反比。当电荷为相同符号时，F 的值为正数，表示斥力。当电荷为不同符号时，F 的值为负数，表示引力。作用在两个电荷上的力大小相等，方向相反。这与牛顿第三运动定律，即作用与反作用定律相似。

1773 年，英国科学家卡文迪许利用带电的同心金属球首次发现了电荷与距离的二次方成反比规律，但未发表。1785 年法国科学家库仑通过扭秤实验（图 2-11b）确立了这个定律。当两个点电荷的电量为 q_1(C)、q_2(C)，相隔距离为 r(m) 时，电荷之间的作用力 F(N) 为

$$F = k_0 \frac{q_1 q_2}{r^2} \tag{2-5}$$

这就是著名的库仑定律。式中，k_0 是比例常数（库仑常数）。在 MKSA 单位制中，利用真空介电常数 ε_0，由式（2-6）可以计算出库仑常数（图 2-12）

$$k_0 = 1/(4\pi\varepsilon_0) = 8.99\times10^9 (\mathrm{N\cdot m^2/C^2}) \tag{2-6}$$

MEMO 提示　查理·德·库仑（1736—1806 年）是法国物理学家，他的名字被用作 SI 单位制中电荷量的单位。

例如，当两个 1C 的电荷相距 1m 时，它们之间的静电力为 9×10^9N（1N 约等于 0.1kg 重力）。这个静电力相当于 90 万 t（9×10^5t）的巨大重力（图 2-11b）。以实际应用的电荷量为例，带有 1μC（10^{-6}C）的两个电荷相距 10cm 时，其静电力为 0.9N，约为 90g 重力。如果是 1nC（10^{-9}C）电荷量，相距 1cm 时，其静电力为 9×10^{-5}N，约为 9mg 重力。

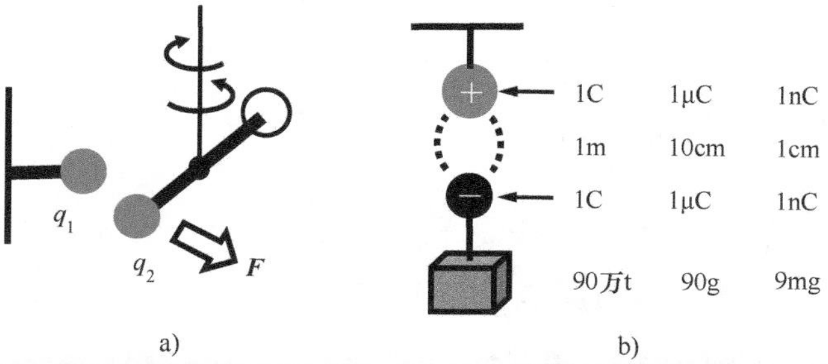

图 2-11

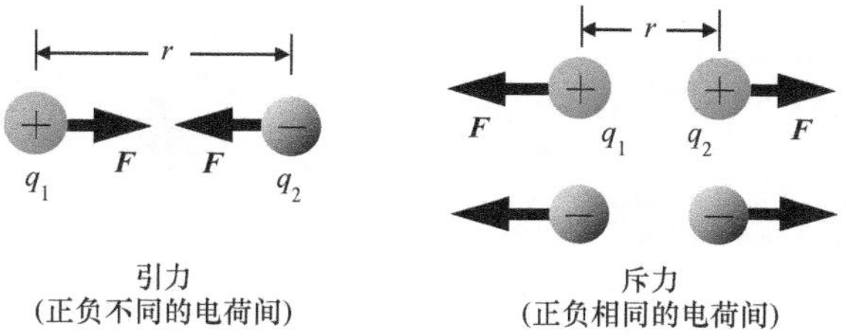

静电力 (库仑力)

$$F = k_0 \frac{q_1 q_2}{r^2} e_r$$

$$e_r \equiv \frac{\boldsymbol{r}}{r}$$

库仑定律的比例常数

$k_0 = 1/(4\pi\varepsilon_0) = 9.0\times10^9(\text{N}\cdot\text{m}^2/\text{C}^2)$

F ：库仑力向量 (N)

q_1 ：第一个电荷量 (C)

q_2 ：第二个电荷量(C)

r ：电荷间的距离 (m)

e_r ：电荷间的单位向量

k_0 ：库仑常数 ($\text{N}\cdot\text{m}^2/\text{C}^2$)

真空介电常数

$\varepsilon_0 = 8.854\times10^{-12}$ [$\text{C}^2/(\text{N}\cdot\text{m}^2)$]或(F/m)

图 2-12

叠加原理

两个电荷之间的静电力是用库仑定律来描述的，而三个或三个以上电荷之间的静电力可以通过力的叠加原理求得。

作用与反作用定律

牛顿力学遵循三个基本定律：①惯性定律；②运动方程；③作用与反作用定律。即便是用库仑定律表示的静电力，也和万有引力一样，由第一电荷 q_1 作用到第二电荷 q_2 的力 $\boldsymbol{F}_{2\leftarrow 1}$，根据作用与反作用定律，与由第二电荷 q_2 作用到第一电荷 q_1 的力 $\boldsymbol{F}_{1\leftarrow 2}$ 大小相同，方向相反（图 2-13）。这两个力作为内力，其向量之和等于零。

$$\boldsymbol{F}_{1\leftarrow 2}+\boldsymbol{F}_{2\leftarrow 1}=0 \tag{2-7}$$

向量的合成

现在考虑三个电荷 q_1、q_2、q_3 的情况，先来看电荷 q_2、q_3 作用到电荷 q_1 的力 $\boldsymbol{F}_1$（图 2-14）。首先，电荷 q_2 对电荷 q_1 作用的静电力 $\boldsymbol{F}_{1\leftarrow 2}$ 可以由库仑定律计算出来。同理，还可以计算出电荷 q_3（图中为负电荷）对电荷 q_1 作用的静电力 $\boldsymbol{F}_{1\leftarrow 3}$。作为两个静电力的向量和，对 q_1 作用的合成力 $\boldsymbol{F}_1$ 为

$$\boldsymbol{F}_1=\boldsymbol{F}_{1\leftarrow 2}+\boldsymbol{F}_{1\leftarrow 3} \tag{2-8}$$

这就是基于线性静电力的叠加原理。

如果在三维空间中使用叠加原理，则有

MEMO 提示　在没有外力的情况下，作用与反作用定律对应于动量守恒定律。

$$
\left.\begin{aligned}
x\ \text{分量}: F_{1x} &= F_{1\leftarrow 2x}+F_{1\leftarrow 3x}\\
y\ \text{分量}: F_{1y} &= F_{1\leftarrow 2y}+F_{1\leftarrow 3y}\\
z\ \text{分量}: F_{1z} &= F_{1\leftarrow 2z}+F_{1\leftarrow 3z}
\end{aligned}\right\} \tag{2-9}
$$

对于更多电荷的情况，也可以利用叠加原理计算作用在电荷上的力。

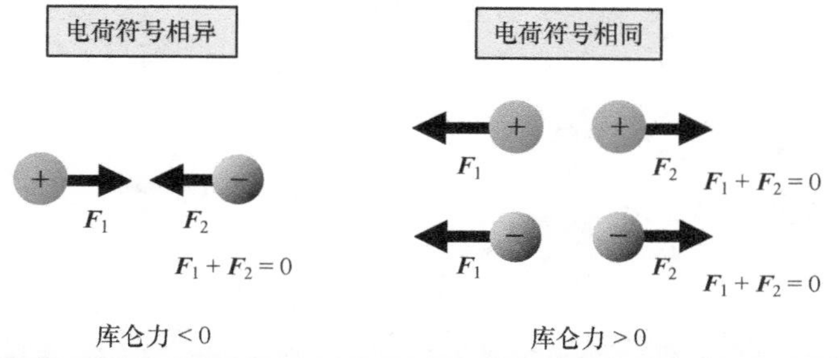

图 2-13

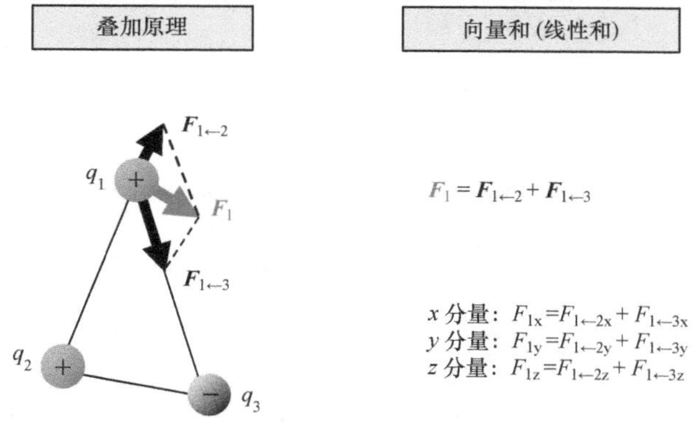

图 2-14

第 2 章

选择测试题

答案见 38 页

测试题 2.1　长导线的电阻是多少？

铜的电阻率 ρ 约为 $2\times10^{-8}\Omega\cdot m$，有一根 1cm 平方截面（截面积 $10^{-4}m^2$）、长 1km 的铜电线。问，这根导线的电阻有多少？

① 0.2μΩ　② 0.2mΩ

③ 0.2Ω　④ 0.2kΩ

测试题 2.2　库仑力有多厉害？

1kg 的质点要承受 9.8N 的重力。使这个质点带 1μC（10^{-6}C）的正电，在另一个 −1μC 点电荷的引力作用下，使 1kg 重的物体漂浮。电荷之间应该有多近的距离？

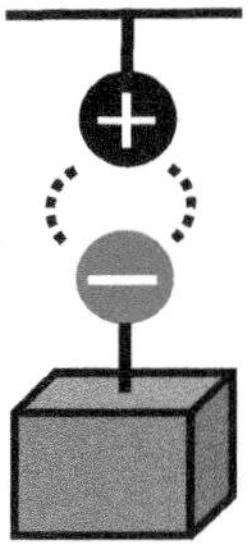

① 0.3mm　② 3mm

③ 3cm　④ 30cm

专栏2

二次方反比定律是完全正确的吗

电磁力和万有引力一样遵循与距离的二次方成反比的规律（$\propto r^{-2}$）。库仑利用扭秤装置直接测量了两个电荷之间的静电力，并于 1785 年得出库仑定律。假设电磁力遵从 $\propto 1/r^{2+\delta}$ 规律，库仑的实验得到 $|\delta|\approx0.04$。1773 年卡文迪许利用两个带电的同心金属球壳进行了高精度的实验，得到了 $|\delta|\approx0.02$ 的精度。

后来，采用这种方法，麦克斯韦将精度提高到 $|\delta|\approx10^{-5}$。二次方反比定律的验证实验精度逐年提高，现在重力二次方反比定律的精度为 $|\delta|\approx10^{-9}$，电磁力为 $|\delta|\approx10^{-16}$。

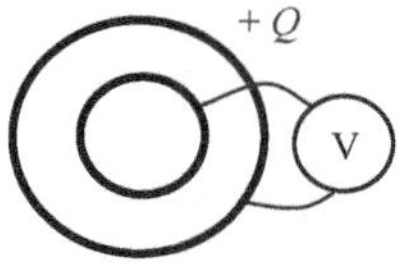

综合测试题

问题对应于各节的总结/答案见 38 页

2-1 用梳子梳头会使头发漂浮起来，这是因为摩擦而使[　　　　]离开头发，积聚在梳子上。这时头发带[　　　　]电，梳子带[　　　　]电。我们把这种现象叫作[　　　　]。

2-2 电子的电荷量为 $-e$，质子由电荷量为[　　　　]的[　　　　]个上夸克 u 和电荷量为[　　　　]的[　　　　]个下夸克 d 组成。取两位有效数字时，元电荷的电荷量为[　　　　] C。

2-3 当电荷靠近壁厚且有空腔的导体时，导体会感应出相反的电荷。这种现象叫作[　　　　]。静电场是无法进入腔体内部的，故称为[　　　　]。如果将电荷放置在腔内，电场就会向外泄漏。利用[　　　　]的方法，就可以屏蔽这个电荷的电场。

2-4 导体是指电阻率约为[　　　　（单位）]以下的物体。截面积为 $1\text{mm}^2(10^{-6}\text{m}^2)$、长度为[　　　　] m 的物体，其电阻为[　　　　] Ω 以下，就是判断导体的基准。[　　　　]就是一种参考物质的例子。

2-5 具有速度 $\boldsymbol{v}$ 的物理量 f，其通量为 $\boldsymbol{\Gamma}=f\boldsymbol{v}$，如果源项为 S，则 f 随时间变化的表达式为[　　　　]。

2-6 两个点电荷 q_1(C) 和 q_2(C) 相距 r(m)，库仑常数为 k_0，如果用矢量式表示两个电荷之间的库仑力 $\boldsymbol{F}$(N)，则有[　　　　]。在 MKSA 单位制中，用真空介电常数 ε_0 写出的 k_0 为[　　　　]。

2-7 根据线性力的[　　　　]，用向量相加的方法，可以计算多个电荷产生的静电力。

测试题答案

答案 2.1 ③

【解释】根据电阻计算公式，铜线的电阻率 $\rho=2\times10^{-8}\Omega\cdot m$，长度 $L=10^3m$，截面积 $S=10^{-4}m^2$，电阻为 $R=\rho L/S=(2\times10^{-8})\times10^3/10^{-4}=2\times10^{-1}\Omega$。

【参考】“对于电阻率为 $10^{-6}\Omega\cdot m$ 的典型石墨，当截面积为 $10^{-6}m^2(1mm^2)$ 且长度为 1m 时，电阻为 1Ω。”用这个典型石墨的数据，直观地计算上述铜线的电阻。根据题意，因为电阻率变为 2×10^{-2} 倍，所以当截面积增加到 10^2 倍时，电阻缩小为 10^{-2} 倍；长度增加到 10^3 倍时，电阻增加为 10^3 倍。可得到铜线的电阻是典型石墨的 0.2 倍，即铜线的电阻为 0.2Ω。

答案 2.2 ③

【解释】根据库仑定律，$F=9\times10^9q^2/r^2=9.8(N)$。电荷 $q=10^{-6}(C)$，距离 $r=0.030(m)$。

【参考】题中给出的电荷量为 1μC，1C 是一个非常大的电荷量单位。在 1C 的情况下，即使距离为 30km，也能提起 1kg 的重量。顺便说一下，相距 1m 远带有±1C 的电荷，其静电力可达 9×10^9N 的引力，相当于提升起 90 万 t(9×10^8kg) 的重量。这相当于 9 艘世界上大型航空母舰的重量。

综合测试题答案（满分 20 分，目标 14 分以上）

(2-1) 自由电子，正，负，摩擦带电

(2-2) $+2e/3$，2，$-e/3$，1，1.6×10^{-19}

(2-3) 静电感应，静电屏蔽，接地

(2-4) $10^{-6}\Omega\cdot m$，1，1，石墨

(2-5) $\partial f/\partial t+\nabla\cdot\boldsymbol{\Gamma}=S$

(2-6) $\boldsymbol{F}=(k_0q_1q_2/r^2)\boldsymbol{e}_r$，$\boldsymbol{e}_r=\boldsymbol{r}/r$，$1/(4\pi\varepsilon_0)$

(2-7) 叠加原理

第 3 章

<电荷 · 静电场篇>

电荷和电场

在电磁过程中，由电荷引起的电场力和由电流引起的磁场力都被定义为空间场力。第 3 章首先定义电力线作为描述电场的可视化方法，其次定义电力线的数量、电通量和电通量密度、电场强度和电位等物理量，最后解释电场的高斯定理。

电力线的定义

法拉第提出的电力线是一种描述电场的可视化方法。电力线会从带正电的点电荷开始，在三维空间上呈球形对称地均匀发射。

电力线和等位面

为了显示空间中的电场，可以在网格的不同位置用箭头绘制电场向量，包括大小。从正电荷出发，沿着电场力向量画出一系列指向负电荷的线。这就是电力线（图 3-1）。它们从正的点电荷出发，各向同性地向外辐射，而且被各向同性地吸入负电荷。不同符号和相同符号时的电力线如图 3-2 所示。当电荷出现正负数量不平衡时，如果总和为正，则电力线就指向无穷远处；如果总和为负，则电力线就来自无穷远处。电力线在真空中既不相交、也不分叉，它们力图彼此分开，并在轴向上如同橡皮筋一样收缩。

电力线的数量和电场强度的定义

电力线的密度（间距的倒数）与该位置的电场强度成正比。带有 1C 电量的电荷发出的电力线的数量定义为 $1/\varepsilon_0$ 条，即约为 1.1×10^{11} 条。因此，从电荷 Q(C) 发出的电力线的数量 N 为

$$N=\frac{Q}{\varepsilon_0} \tag{3-1}$$

电量为 Q 的球电荷均匀地发出总计为 Q/ε_0 条电力线。我们把 1m^2

MEMO 提示　假设从电量为 1C 的点电荷各向同性地发射出 1.1×10^{11} 条电力线。

平面上垂直通过1条电力线时的电场强度 E 定义为1V/m，在距离带电球半径为 $r(\mathrm{m})$ 的球面上，其面积（m^2）$=4\pi r^2$，所以，电场强度 $E(\mathrm{V/m})$ 可由式（3-2）定义

$$E = \frac{N}{S} = \frac{1}{4\pi\varepsilon_0}\frac{Q}{r^2} \tag{3-2}$$

图 3-1

电力线的数量与电场强度

电力线的数量

$$N = \frac{Q}{\varepsilon_0}$$

从1C的电荷发出的电力线的数量为 $1/\varepsilon_0$ 条，即 1.1×10^{11} 条

电场强度 $E(\mathrm{V/m})$

$$E = \frac{N}{S} = \frac{1}{4\pi\varepsilon_0}\frac{Q}{r^2}$$

将1条电力线垂直地通过 $1\mathrm{m}^2$ 的平面时，得到的电场强度 E 定义为1V/m

正电荷与负电荷
（电荷量的绝对值相等）

正电荷与正电荷
（电荷量相等）

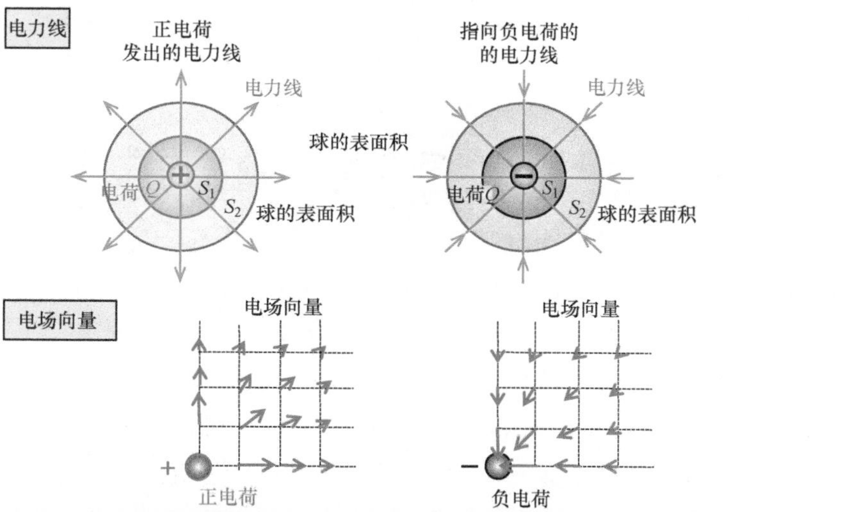

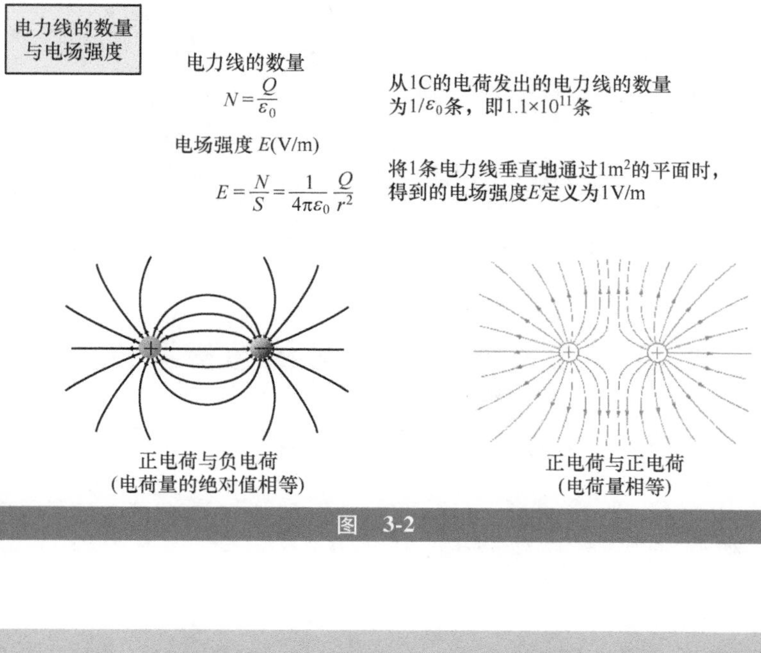

图 3-2

电通量、电通量密度和边界条件

把 $1/\varepsilon_0$ 条（1.1×10^{11}条）电力线汇成的线束定义为电通量。因此，电通量与电荷量相同，由此也定义了电通量密度 D。

1库仑电量形成的电通量/电通量密度（C/m^2）

成束的电力线称为电通量，无论在真空中还是在介质中，从 1C 的电荷发出的电通量都设为一条。因此，从 Q(C) 的电荷发出的 N_Φ 条电通量为

$$N_\Phi = Q \tag{3-3}$$

单位面积上的电通量数被定义为电通量密度。因为以点电荷为中心、半径为 r(m) 的球的表面积是 $S(\mathrm{m}^2)=4\pi r^2$，所以在距离点电荷 r 处的电通量密度 $D(\mathrm{C/m^2})$ 被定义为电通量数 N_Φ（电荷 Q）除以表面积 S（图 3-3），即

$$D=\frac{N_\Phi}{S}=\frac{Q}{4\pi r^2} \tag{3-4}$$

在真空中的电通量密度 D 与电场强度 E(V/m) 的关系是

$$D=\varepsilon_0 E \tag{3-5}$$

在这里，要使用介电常数 $\varepsilon_0=8.85418787$(F/m)。在相对介电常数为 ε_r 的物质中，介电常数为 $\varepsilon=\varepsilon_r\varepsilon_0$，则有

$$D=\varepsilon E \tag{3-6}$$

电通量密度 D 与电场强度 E 的边界条件

在物体边界处，介电常数 ε 不连续的情况下（图 3-4）。如果在边

MEMO 提示　作为代表“电场”和“电场强度”的符号，E 和 D 都被经常使用。应用时要注意区分二者的差别，E 是电场强度，D 是电通量密度。

界面上没有电荷，则可以根据电场的高斯定理（参见 3-6 节）得到电通量的守恒条件，对图中的圆柱表面进行面积分，得到电通量密度 $\boldsymbol{D}$ 的法线分量 $\boldsymbol{D}_n$ 是连续的。另外，关于电场强度 $\boldsymbol{E}$，将法拉第定律（参见 8-3 节）应用于稳定状态，通过对图中的四边形进行环路积分，可以认为电场强度 $\boldsymbol{E}$ 的切线分量 $\boldsymbol{E}_t$ 也是连续的。

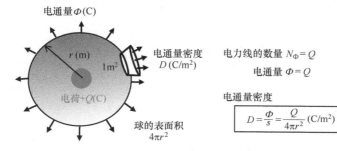

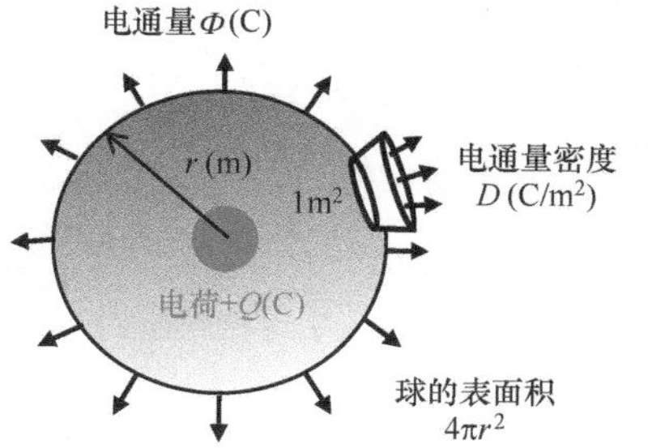

电力线的数量 $N_\Phi = Q$

电通量 $\Phi = Q$

电通量密度

$$D=\frac{\Phi}{s}=\frac{Q}{4\pi r^2}\ (\mathrm{C/m^2})$$

从 Q 电荷发出 Q 束电通量
在半径r处，电通量密度 D 为 $Q/(4\pi r^2)$

图 3-3

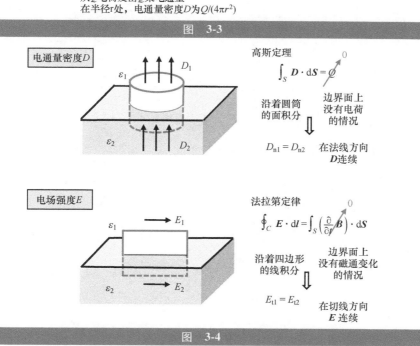

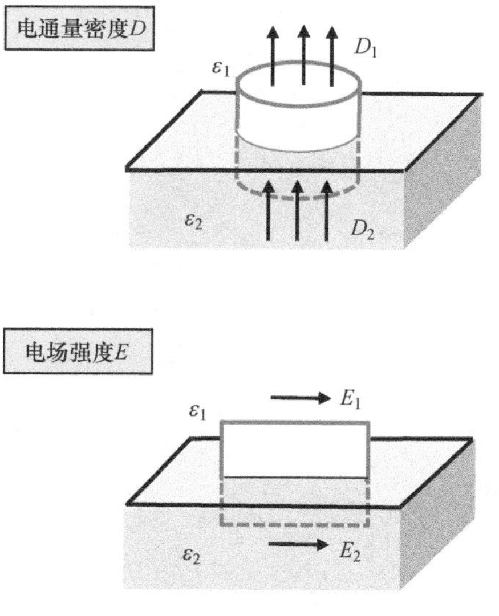

$$\int_S \boldsymbol{D}\cdot \mathrm{d}\boldsymbol{S} = Q$$

$$D_{n1} = D_{n2}$$

$$\oint_C \boldsymbol{E}\cdot \mathrm{d}\boldsymbol{l} = \int_S \left(\frac{\partial}{\partial t}\boldsymbol{B}\right)\cdot \mathrm{d}\boldsymbol{S}$$

$$E_{t1} = E_{t2}$$

图 3-4

电场的定义

把一个电荷放置在空间中，如果该电荷受到力的作用，那么这种空间称为电场。电场的强度由放置在场中的电荷（电荷量）和受到的场的作用力（电场力）来定义。

静电力向量

在力学中，当重力作用于质量为 m 的测试粒子时，将重力表示为 $\boldsymbol{F}=m\boldsymbol{g}$。在这种情况下，重力作用的空间称为重力场（图 3-5），$\boldsymbol{g}$ 表示重力场的重力加速度向量。同样，空间中放置的电荷受到静电力（库仑力）的作用，这个空间就称为电场。

假设放置电荷 q(C) 时所受到的静电力为 $\boldsymbol{F}$(N)，则电场强度向量 $\boldsymbol{E}$ 可表示为

$$\boldsymbol{F}=q\boldsymbol{E} \tag{3-7}$$

电场强度的单位可以使用 N/C 或 V/m。例如，在点电荷 Q(C) 的周围产生电场，对放置在距离 r(m) 处的电荷 q(C) 施加的库仑力为 $\boldsymbol{F}(\mathrm{N})=k_0qQ\boldsymbol{e}_{\mathrm{r}}/r^2$，所以这个点电荷 Q 所形成的电场强度（场强）$\boldsymbol{E}$ 为（图 3-6b）

$$\boldsymbol{E}=\frac{\boldsymbol{F}}{q}=k_0\frac{Q}{r^2}\boldsymbol{e}_{\mathrm{r}}=\frac{1}{4\pi\varepsilon_0}\frac{Q}{r^2}\boldsymbol{e}_{\mathrm{r}} \tag{3-8}$$

式中，k_0 是库仑常数；$\boldsymbol{e}_{\mathrm{r}}$ 是 r 方向的单位向量。

MEMO 提示　电场的单位可以由库仑力定义为 N/C，也可以由静电势的斜率定义为 V/m。这两个单位都可以使用。

电力线的数量与电场的强度

电荷 $Q(\mathrm{C})$ 会发出（电荷为正时）或吸入（电荷为负时）Q/ε_0 条电力线。电力线越密，电场的强度 $E(\mathrm{N/C})$ 越强。也可以用穿过 $1\mathrm{m}^2$ 平面的电力线的数量为 E 条来定义电场强度。因为半径为 r 的球的表面积为 $4\pi r^2$，所以用 Q/ε_0 除以球的表面积得到的式（3-8）符合来自电力线的电场强度的定义。

| 重力场 $g = F/m$ | 电场 $E = F/q$ |

重力场对质量产生作用力　　电场对电荷量产生作用力

图　3-5

重力
万有引力定律
$F = G\dfrac{mM}{r^2}e_\mathrm{r}$

静电力
库仑定律
$F = k_0\dfrac{qQ}{r^2}e_\mathrm{r}$

$e_\mathrm{r} \equiv \dfrac{r}{r}$

重力加速度 g 的定义
重力 $F = mg$
$g = G\dfrac{M}{r^2}e_\mathrm{r}$

电场强度 E 的定义
静电力 $F = qE$
$E = k_0\dfrac{Q}{r^2}e_\mathrm{r}$

电通量密度 D 的定义
电通量 Q 和
球的表面积 $4\pi r^2$
$D = \dfrac{Q}{4\pi r^2}e_\mathrm{r}$

a)　　　　　　　　b)

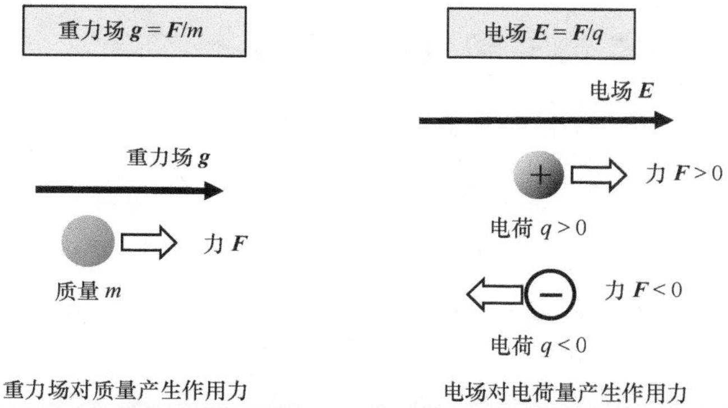

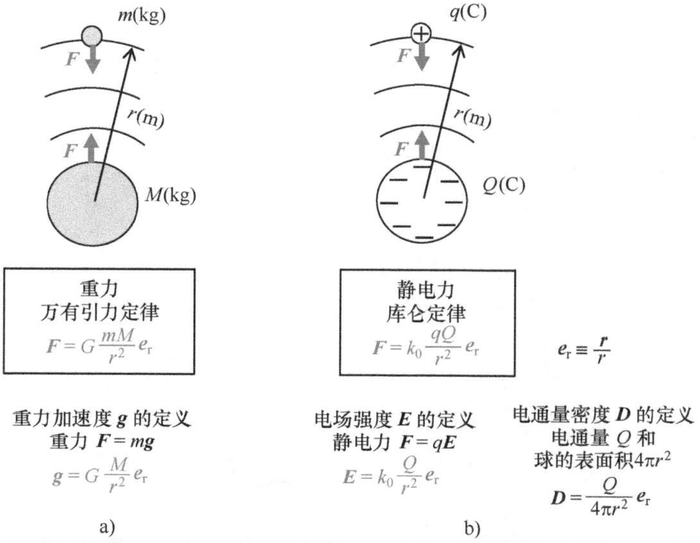

图　3-6

电位的定义

静电场是与重力、弹力相同的保守力场，可以定义电位（静电势）。本节将说明保守力和电位的定义。

静电势（电位）和电压（电位差）

电荷在电场中移动时，静电力所做的功与移动路径无关，只由开始位置和结束位置决定，称为保守力（图3-7）。功（能量）是由力和距离的乘积定义的，但是在保守力的情况下，则可以仅由位置确定的位能（势能）来定义。在具有$-E_0$(N/C）的均匀电场（负方向电场）中，因为$-qE_0$(N）的力作用于电荷q(C)，所以当电荷从基准点（$x=0$）爬升到势能高峰处x(m）的位置时，电荷增加的位能变化量$\Delta W(x)$(J）为

$$\Delta W(x)=W(x)-W(0)=qE_0x=qV(x) \tag{3-9}$$

式中，V称为电位，或者静电势，库仑势，单位是伏特（V）。两点之间的电位的差值叫作电位差或者电压。

保守力和保守场

当向量力$\boldsymbol{F}$满足$\nabla\times\boldsymbol{F}=0$时，力$\boldsymbol{F}$就称为保守力，这个场就称为保守力场（图3-8）。在这种情况下，可以由$\nabla\times\nabla W=0$这个向量恒等式来定义电势能W，即

$$\boldsymbol{F}=-\nabla W=(-\mathrm{d}W/\mathrm{d}x,-\mathrm{d}W/\mathrm{d}y,-\mathrm{d}W/\mathrm{d}z) \tag{3-10}$$

式中，变量W称为$\boldsymbol{F}$的电势能，之所以给W加上负号，是为了符合物

MEMO 提示 静电势（电位）V的单位是J/C（焦耳每库仑）或V（伏特），电势能W的单位是J（焦耳）。

体从势能峰运动到势能谷的定义。因为作用在电荷 q 上的力 $\boldsymbol{F}$ 与电场 $\boldsymbol{E}$ 的关系是 $\boldsymbol{F}=q\boldsymbol{E}$，所以电场 E 可以用电位（静电势）V 表示为

$$\boldsymbol{E}=-\nabla V=(-\mathrm{d}V/\mathrm{d}x,-\mathrm{d}V/\mathrm{d}y,-\mathrm{d}V/\mathrm{d}z) \tag{3-11}$$

位置能量之差 ΔW 和电位之差 ΔV 的关系为 $\Delta W=q\Delta V$。

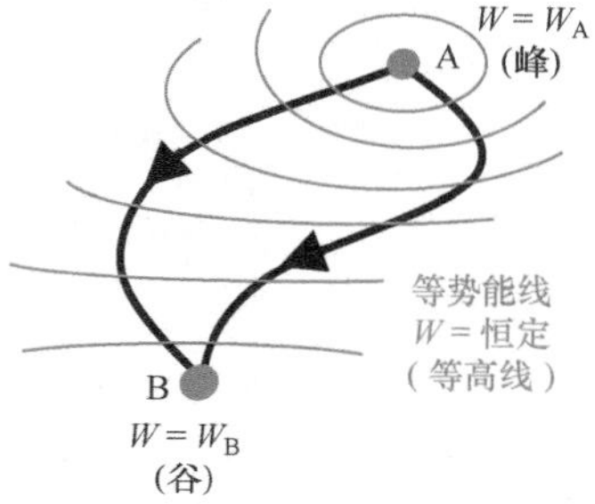

在保守力 $\boldsymbol{F}$ 的作用下，从点 A 移动到点 B 的势能变化与移动路径无关

保守力 $\boxed{\nabla\times\boldsymbol{F}=0}$

向量微分运算恒等式为 $\nabla\times\nabla W=0$

所以场的力可以写成 $\boxed{\boldsymbol{F}=-\nabla W}$

场的力所做的功（从顶峰下落的功） $\int_A^B \boldsymbol{F}(x)\cdot \mathrm{d}\boldsymbol{l}=-\int_A^B \nabla W\cdot \mathrm{d}\boldsymbol{l}=W_A-W_B$

图 3-7

所谓保守场

就是具有保守力的场，可以定义场的电位 V

所谓保守力

就是力可以由势能 W 来定义

$\boldsymbol{F}=-\nabla W$

$\nabla\times\boldsymbol{F}=0$

所谓电场

电场是保守场

$\nabla\times\boldsymbol{E}=0$

$\boldsymbol{E}=-\nabla V$

静电力是保守力

$\boldsymbol{F}=q\boldsymbol{E}=-q\nabla V$

例如：$E=E_0$（恒定）时

静电力

$F(x)=qE(x)$

$F=-\frac{\mathrm{d}W}{\mathrm{d}x}$，$E=-\frac{\mathrm{d}V}{\mathrm{d}x}$

$W=qV+C$（积分常数）

电位（静电势）

$V(x)-V(0)=-\int_0^x \nabla V\mathrm{d}x$

$=\int_0^x E_0\,\mathrm{d}x=E_0x$

势能

$W(x)-U(0)=-\int_0^x qE(x)\mathrm{d}x$

$=\int_0^x qE_0\,\mathrm{d}x=qE_0x$

图 3-8

第 3 章

重力场与电场的比较

重力和静电力都是保守力，会形成与距离二次方成反比的力场。可以通过力线或电势的等势线来直观地理解。

重力场和电场的势能

在均匀向下的重力场［重力加速度为 $-g(\text{m/s}^2)<0$］的情况下，作用在质量为 $m(\text{kg})$ 的物体上的力是 $-m\boldsymbol{g}(\text{N})$。与质量无关的 $\boldsymbol{g}$ 是恒定的，重力场可以由 $\boldsymbol{g}$ 来规定。在高度 $x(\text{m})$ 处，位置能量（势能）为 $W(x)=mgx(\text{J})$。同样，如果在均匀向下的电场中，电荷 $q(\text{C})$ 受到的力是 $-qE_0(\text{N})$，由此就能定义 $E_0(\text{V/m})$，并确定与电荷量无关的电场的大小（电场强度）。在位置 $x(\text{m})$ 处的位能是 $W(x)=qE_0x(\text{J})$，这表明重力场和电场是相似的（图 3-9）。不同点是重力（万有引力）只有引力，而在电场中，由于电荷有正有负，所以既有引力也有斥力。

重力和静电力的标量势

为了描述重力场，可以使用标量势 $\Phi_{\text{g}}(\text{J/kg})$ 这个物理量。用负梯度 $-\nabla\Phi_{\text{g}}$ 来描述重力的向量场和力（图 3-10）。

$$\boldsymbol{g}=-\nabla\Phi_{\text{g}},\quad \boldsymbol{F}=-m\nabla\Phi_{\text{g}}=-\nabla W_{\text{g}} \tag{3-12}$$

同样地，可以用电场标量势 $\Phi_{\text{E}}(\text{J/C})$ 来描述静电力场的强度。

$$\boldsymbol{E}=-\nabla\Phi_{\text{E}},\quad \boldsymbol{F}=-q\nabla\Phi_{\text{E}}=-\nabla W_{\text{E}} \tag{3-13}$$

MEMO 提示　万有引力在反物质的场合也只是引力。但是，在现代物理学中，正在探讨宇宙膨胀力中存在的未知的斥力。

这里给出了 $\boldsymbol{g}$ 和 $\boldsymbol{E}$ 的表达式。之所以在 Φ 和 W 上添加负号，是因为按照定义的正方向，质量为 m 的物体或者电量为 q 的正电荷，在标量势下降的斜坡上滚落。标量势 Φ 的等势线与电场 E 中的电力线是正交的。通过引入标量势函数 Φ 和标量势能函数 W，就可以将肉眼看不到的远距离作用力理解为场的近距离作用力。

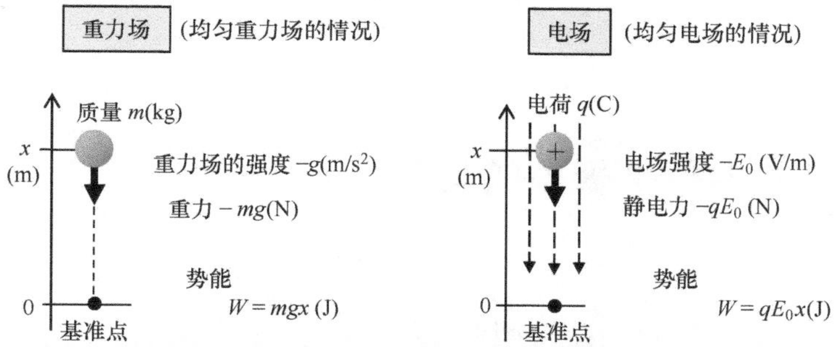

图 3-9

	重力场	电场
保守力 $\boldsymbol{F}$ (= $-\nabla W$) 势能 W	mg (N) $W_g = m\Phi_g$ (J)	$q\boldsymbol{E}$ (N) 或者 (CV/m) $W_E = q\Phi_E$ (J)
保守场的向量 $\boldsymbol{g}$ 或者 $\boldsymbol{E}$ (= $-\nabla\Phi$) 场的势 Φ	$\boldsymbol{g} = -\nabla\Phi_g$ 重力势 Φ_g (m^2/s^2)	$\boldsymbol{E} = -\nabla\Phi_E$ 静电势 Φ_E (V) 或者{(m^2/s^2)[kg/(A · s)]}

图 3-10

第3章

平板和点电荷的电位

本节将以无限大平行平板和点电荷的典型例子，对电位（静电势）和位置能量（势能）进行说明。

无限大平行平板中的电位

首先分析平行平板电极中的电场以及该电场作用于带电粒子的力（图 3-11）。当电场的方向指向 x 轴的负方向时，均匀的负电场 [$E(x)=-E_0$] 对正电荷粒子形成大小不变、方向为负的作用力。在电场 $E(x)$ 中的电荷 q 具有的势能（位置能量）$W(x)$ 有以下关系：静电力 $F(x)=qE(x)=-\mathrm{d}W(x)/\mathrm{d}x$，$W(x)-W(0)=-\int_0^x qE(x)\,\mathrm{d}x=\int_0^x qE_0\mathrm{d}x=qE_0x$。把负电极所在位置的势能值 $W(0)$ 设定为零，则有 $W(x)=qE_0x$。假设电极间的距离为 d，则 $W(d)=qE_0d$，电极间的电位差为 $U=W(d)/q$，即 $U=E_0d$。

点电荷的电位

现在来计算距离点电荷 Q(C) 为 r(m) 之处点 P 的电位。因为在无穷远的地方不受点电荷 Q 的影响，所以可以将无穷远处的电位设为零。计算出把 1C 的电荷从无限远处移动到 P 点所做的功，就可求出点 P 的电位（图 3-12）。点 P 的电场强度 E(V/m) 是 $Q/(4\pi\varepsilon_0 r^2)$，考虑到在微小的 $\mathrm{d}r$(m) 区间内电场强度 E 是不变的，把电量为 q(C) 的测试电荷沿着静电力 $F=qE$ 的相反方向移动 $\mathrm{d}r$ 距离，这时所做的功

MEMO 提示　请注意电势和电势能的区别。在电场的情况下，前者的单位是 V，后者是 eV 或 J。

dW(J) 就是 $dW=-Fdr=-qEdr$，因此势能 $W(r)$ 为

$$W(r)=\int_0^{W(r)}dW=-q\int_{\infty}^{r}Edr=-\frac{qQ}{4\pi\varepsilon_0}\int_{\infty}^{r}\frac{1}{r^2}dr=\frac{qQ}{4\pi\varepsilon_0 r} \tag{3-14}$$

将式（3-14）的势能结果除以测试电荷的电量 q(C)，就得到点 P 的电位 $U(r)$(V)。

$$U(r)=\frac{W(r)}{q}=-\int_{\infty}^{r}Edr=\frac{Q}{4\pi\varepsilon_0 r} \tag{3-15}$$

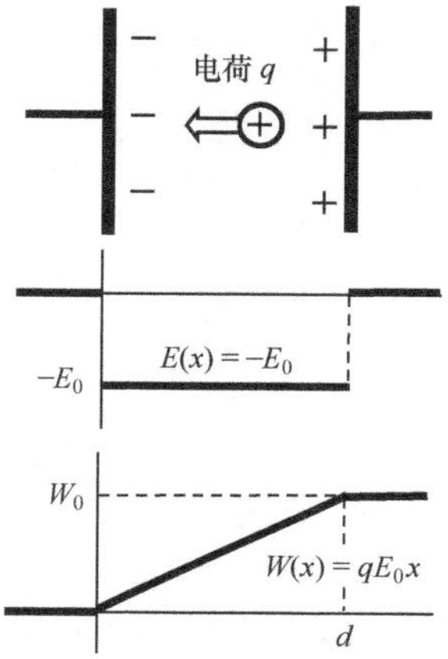

静电力

$F(x)=qE(x)$

$\boldsymbol{F}=-\nabla W$

$\boldsymbol{E}=-\nabla U$

电场

$E=-E_0$ (恒定)

势能

$W(x)-W(0)=-\int_0^x qE(x)\,dx$

$=\int_0^x qE_0\,dx=qE_0x$

$\boxed{W(x)=qE_0x}$ $(0\leqslant x\leqslant d)$

静电势

$\boxed{U(x)=E_0x}$ $(0\leqslant x\leqslant d)$

图 3-11

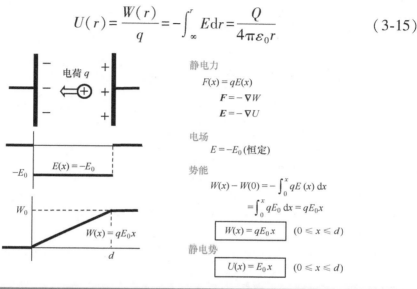

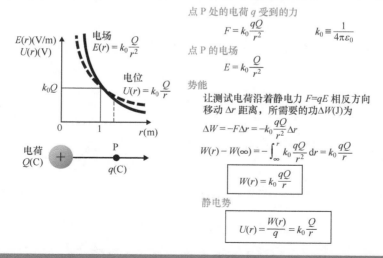

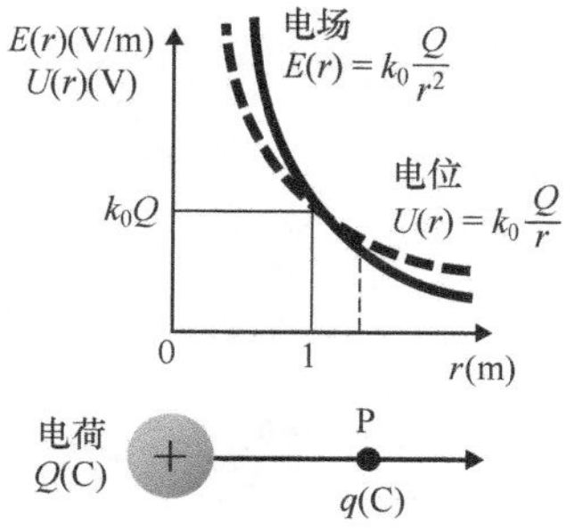

点 P 处的电荷 q 受到的力

$F=k_0\frac{qQ}{r^2}$ $\qquad k_0\equiv\frac{1}{4\pi\varepsilon_0}$

点 P 的电场

$E=k_0\frac{Q}{r^2}$

势能

让测试电荷沿着静电力 $F=qE$ 相反方向移动 Δr 距离，所需要的功 ΔW(J) 为

$\Delta W=-F\Delta r=-k_0\frac{qQ}{r^2}\Delta r$

$W(r)-W(\infty)=-\int_{\infty}^{r}k_0\frac{qQ}{r^2}dr=k_0\frac{qQ}{r}$

$\boxed{W(r)=k_0\frac{qQ}{r}}$

静电势

$\boxed{U(r)=\frac{W(r)}{q}=k_0\frac{Q}{r}}$

图 3-12

电场的高斯定理（积分形式）

电场的高斯定理用于求解电场的强度。作为典型的例子，本节将讲述如何求出平行平板和带电球的电场强度。

来自电荷总量的电力线定律

在独立电荷的空间里，电力线不会减少或增加。因此，通过任意闭合曲面的电力线的条数是闭合曲面内部电荷总量的 $1/\varepsilon_0$，这就是（电场的）高斯定理（图 3-13）。穿过包围电荷 Q(C) 的整个闭合曲面 S 的电力线的数量为 Q/ε_0 条。将闭合曲面分割成 N 个，设第 i 个面的微小面积 ΔS_i(m^2) 上，垂直于该面的电场强度为 $E_{\perp i}$(V/m)。由于贯穿这个微小面积的电力线的数量为 $E_{\perp i}\Delta S_i$ 条，所以根据 $\sum_{i=1}^{N} E_{\perp i}\Delta S_i = Q/\varepsilon_0$ 得到高斯定理的表达式

$$\int_S \boldsymbol{E}\cdot \mathrm{d}\boldsymbol{S} = \frac{Q}{\varepsilon_0} \tag{3-16}$$

根据电通量密度 $D(=\varepsilon E)$(C/m^2) 和电荷密度 ρ(C/m^3) 的关系，可以写成

$$\int_S \boldsymbol{D}\cdot \mathrm{d}\boldsymbol{S} = \int_V \rho \mathrm{d}V \equiv Q \tag{3-17}$$

高斯定理的应用例（平行平板的电场）

作为高斯定理的应用例，考虑在面积为 S(m^2) 的平行平板上，带

MEMO 提示　高斯定理于 1835 年由德国科学家卡尔，弗里德里希 · 高斯（1777 年 ~ 1855 年）发现的。这个定理奠定了电场理论的基础。

有电荷量为±Q(C) 的电场，表面电荷密度为 $\sigma = Q/S$，如果考虑图 3-14 所示的截面积为 ΔS 的圆柱闭合曲面，则圆柱内的总电荷量是 $\sigma\Delta S$。平板间的内部电场强度 E(V/m) 恒定，外部电场为零。由于圆柱侧面法线方向的电场分量 $E \cdot dS = 0$，所以，式（3-16）左边为 $E\Delta S$、右边为 $\sigma\Delta S/\varepsilon_0$，由此得到

$$E = \frac{\sigma}{\varepsilon_0} = \frac{Q}{\varepsilon_0 S} \tag{3-18}$$

因此，若设极板间的间隔为 d，则极板间电压为 $U = Ed = Qd/(\varepsilon_0 S)$。

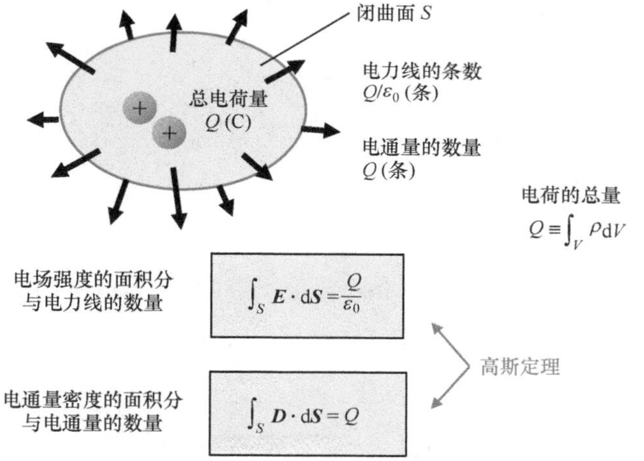

图 3-13

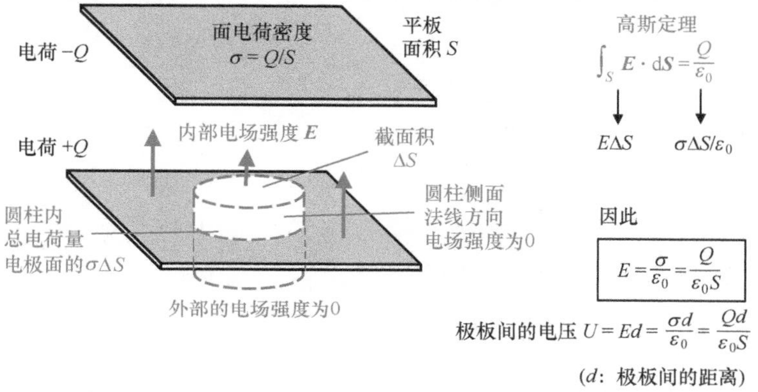

图 3-14

导体和镜像法

如果导体带电，那么导体本身的电位是怎样的呢？电荷的分布和电力线又是怎样的呢？

导体的电位

电子在导体中自由运动，说明导体内部电位恒定。无论是带正电还是带负电，电荷之间相互排斥，导致电荷只分布在表面，导体内部不产生电场。通向导体外部的电力线垂直于表面。根据电场的高斯定理，表面附近的电压（电位差）与电荷的面密度成正比（图 3-15a）。

用导体棒把分开的大小不同的两个带电导体球连接起来，思考一下电势和电压会怎样变化（图 3-15b）。因为两个球体的导体表面的电位相等，所以根据电势 Φ 的公式，电荷量 Q 与半径 r 成正比。面电荷密度 σ 与半径 r 成反比，因此小球上靠近表面的电场强度 E 增大，引起电压集中。

镜像法

由接地的宽大导体平板和静电点电荷构成的空间电场，可以借助于假想电荷的**镜像法**（电像法）来理解。电力线由点电荷开始，垂直地通向平板导体表面。这种电力线的结构与平板相反侧有一个假想负电荷（镜像）的结构相同。因此，采用正负电偶极子形成静电场的方法来分析平板上方的空间电势和电压，过程会变得更容易。电荷放置

MEMO 提示　向导体注入电荷时，电荷并不是均匀分布的，而是依据导体的形状呈不均匀分布，使得电位保持恒定。

在任意点时的静电力 F（1C 电荷，电场强度为 E），可以利用库仑力的叠加原理求出。因此，利用高斯定理，依据导体表面（$z=0$）的电场强度，可以求出导体平板上因静电感应产生的表面电荷量（图 3-16）。此外，利用镜像法还可以方便地计算出导体平板感应出来的表面电荷对点电荷的作用力。

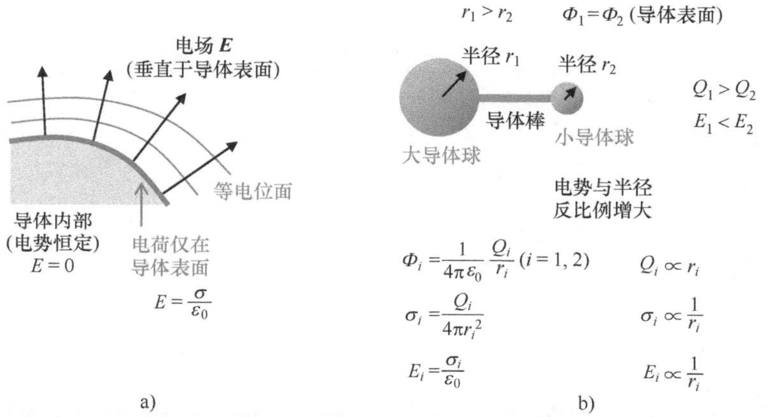

电场 E（垂直于导体表面）

导体内部（电势恒定）
$E = 0$

电荷仅在导体表面
$E = \dfrac{\sigma}{\varepsilon_0}$

等电位面

a)

$r_1 > r_2$ $\Phi_1 = \Phi_2$（导体表面）

半径 r_1 半径 r_2

导体棒

大导体球   小导体球

$Q_1 > Q_2$
$E_1 < E_2$

电势与半径反比例增大

$\Phi_i = \dfrac{1}{4\pi\varepsilon_0}\dfrac{Q_i}{r_i}\ (i=1,2)$ $Q_i \propto r_i$

$\sigma_i = \dfrac{Q_i}{4\pi r_i^2}$ $\sigma_i \propto \dfrac{1}{r_i}$

$E_i = \dfrac{\sigma_i}{\varepsilon_0}$ $E_i \propto \dfrac{1}{r_i}$

b)

图   3-15

$+q$

a

平板导体

$+q$

z P(r, z)

r

$r = \sqrt{x^2 + y^2}$

镜像 $-q$

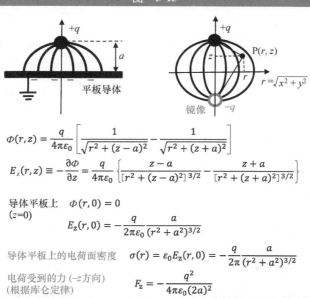

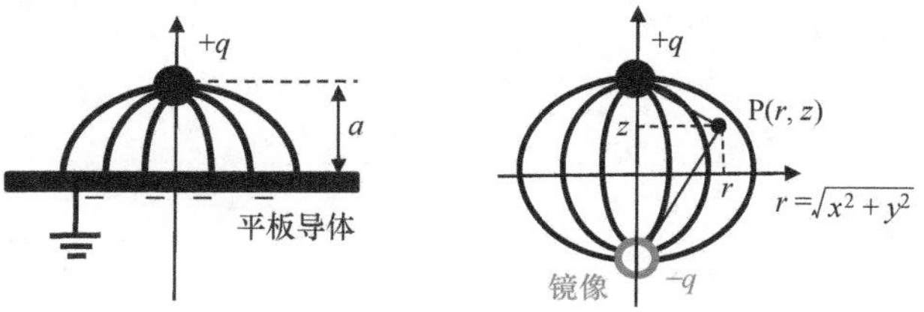

$$\Phi(r,z) = \frac{q}{4\pi\varepsilon_0}\left[\frac{1}{\sqrt{r^2+(z-a)^2}} - \frac{1}{\sqrt{r^2+(z+a)^2}}\right]$$

$$E_z(r,z) \equiv -\frac{\partial\Phi}{\partial z} = \frac{q}{4\pi\varepsilon_0}\left\{\frac{z-a}{[r^2+(z-a)^2]^{3/2}} - \frac{z+a}{[r^2+(z+a)^2]^{3/2}}\right\}$$

导体平板上 $\Phi(r,0) = 0$
($z=0$)

$$E_z(r,0) = -\frac{q}{2\pi\varepsilon_0}\frac{a}{(r^2+a^2)^{3/2}}$$

导体平板上的电荷面密度 $\sigma(r) = \varepsilon_0 E_z(r,0) = -\dfrac{q}{2\pi}\dfrac{a}{(r^2+a^2)^{3/2}}$

电荷受到的力 ($-z$方向)
（根据库仑定律） $F_z = -\dfrac{q^2}{4\pi\varepsilon_0(2a)^2}$

图   3-16

选择测试题

答案见 58 页

测试题 3.1　由导体球壳引起的电场变形是哪一个？

水平的平行平板之间，电力线从左至右，在平板间放置了不带电的中空的金属球壳。这时的电力线哪个是正确的？

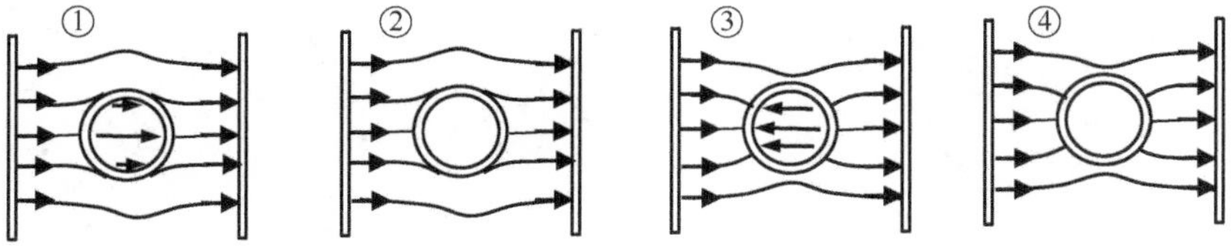

测试题 3.2　金属球的静电势是哪一个？

在真空中有一个带负电荷量$-Q$、半径为 a 的金属导体球。这种情况下的电位（静电势）$V(r)$ ①~④中哪个是正确的？

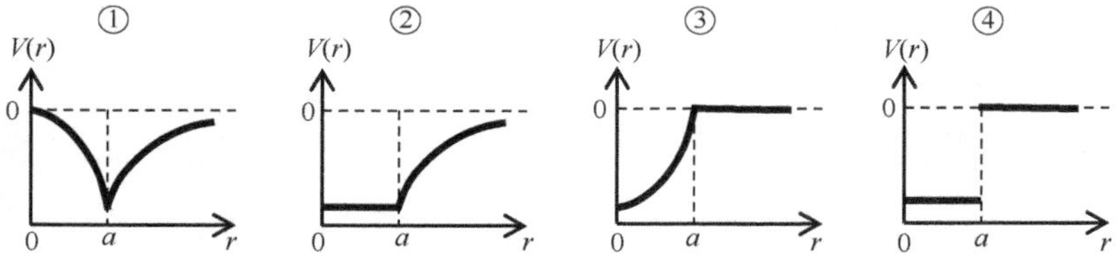

【追加测试】请推测出正确答案以外的各个带电状态。

专栏3

雷击是上升的吗

地球的大气电场是在电离层（+）和地表（-）之间形成的。空气被宇宙射线电离后，形成了微弱的稳态电流（总量约为 1kA）。维持这种状态的是所谓的雷云。在雷云中，冷凝后的大量冰粒随着上升气流反复上升，并因重力原因而下降，在反复升降过程中会因摩擦产生静电。大颗粒（+）聚集在雷云的上部，小颗粒（-）聚集在雷云的下部，引起静电感应，雷云中产生电子引起闪电。真正的雷击会形成巨大的从地表上升的离子电流。这就是地球规模的电气回路。

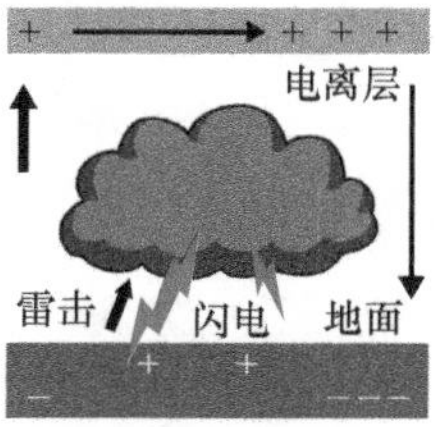

综合测试题

问题对应于各节的总结/答案见 58 页

3-1 为了形象地描述电场，使用了由 ____（人名）首先提出的电力线，当真空的介电常数为 ε_0 时，定义从 1C 的电荷发出的电力线为 ____ 条。这个数值大约是 ____ 条。

3-2 在真空中，把 ____ 条电力线捆束成的电力线束定义为电通量，从 1C 电荷发出来的电通量是 ____ 条，电场强度 E 和电通量密度 D 的关系是 ____。

3-3 把电量为 q(C) 的电荷放置在空间电场中，当电荷受到的作用力是 $\boldsymbol{F}$(N) 时，表示空间电场强度的向量（电场强度）是 ____（单位）。

3-4 在一个力场中，移动物体所做的功，不依赖于经过的路径，只由起点和终点来决定，这样的力 F 称为 ____，使用 ∇ 算子可以写成 ____ $=0$，或者使用势能 W 写成 $F=$ ____。重力和静电力的本质相似。

3-5 重力加速度向量 $\boldsymbol{g}$ 可以用重力标量势 $\boldsymbol{\Phi}_g$(J/kg) 写成 $g=$ ____（单位）。同样，电场强度 $\boldsymbol{E}$ 可以用电场标量势 $\boldsymbol{\Phi}_E$(J/C) 写成 $E=$ ____（单位）。

3-6 对于半径为 R(m) 且电荷量为 Q(C) 的球面导体，在球外部半径为 r(m) 之处的电场强度 E 是 ____（单位）。如果把无穷远处的静电势 $\boldsymbol{\Phi}$ 设为零，那么球内部的静电势 $\boldsymbol{\Phi}$ 是 ____（单位），球外部的是 ____（单位）。

3-7 来自电荷 Q 的电力线的条数 Q/ε_0 等于在包围电荷的任意面 S 上对电场强度 E 的面积分。如果写成公式就是 ____。这就是 ____（人名）定理。根据这个定理可知，面电荷密度为 σ(C/m^2) 的平行平板内部的电场强度 E(V/m) 为 ____。

3-8 接近导体平板上方的带有正电的感应电荷，在平板另外一侧放置假想的 ____。这种分析方法称为 ____。

第 3 章

测试题答案

答案 3.1 ④

【解释】在“静电感应”的作用下，球壳中的自由电子发生移动，左侧带负电荷，右侧带正电荷，在球壳内部，原电场和感应电荷产生的电场相互抵消而为零。内部电场为零相当于“静电屏蔽”。球壳导体外部的电力线会被球壳感应的电荷吸入而形成凹陷。

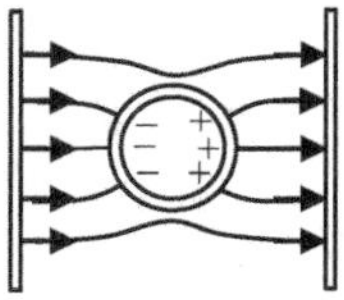

答案 3.2 ②

【解释】首先考虑到电位在无穷远处为零。因为带电粒子分布在金属球表面，所以电势的梯度（电压）在 a 点出现不连续。因为导体内部没有电场，所以金属球内部电位恒定。因为金属球所带电荷是负的，所以在球面附近电位是负值，且向外呈增加趋势。

【追加测试】① 描述的是球内带电均匀的负体积电荷密度的分布状况。

③ 描述的是球内带电均匀的正的体积电荷密度的分布状况，在球壳表面上带有等量的负电荷，而外部没有电场。

④ 相当于在球壳上产生了内部为负，外部为正的超薄双层电荷分布，内外电场均为零。

综合测试题答案（满分 20 分，目标 14 分以上）

(3-1) 法拉第，$1/\varepsilon_0$，10^{11}

(3-2) $1/\varepsilon_0$，1，$D=\varepsilon_0 E$

(3-3) F/q(N/C) 或者 (V/m)

(3-4) 保守力，$\nabla\times\boldsymbol{F}=0$，$\boldsymbol{F}=-\nabla W$

(3-5) $\boldsymbol{g}=-\nabla\Phi_g$(m/s²) 或者 (N/kg)，$\boldsymbol{E}=-\nabla\Phi_E$(V/m) 或者 (N/C)

(3-6) $Q\boldsymbol{e}_r/(4\pi\varepsilon_0 r^2)$(V/m)，$\boldsymbol{e}_r=\boldsymbol{r}/r$，$Q/(4\pi\varepsilon_0 R)$(V)、$Q/(4\pi\varepsilon_0 r)$(V)

(3-7) $\int_S \boldsymbol{E}\cdot d\boldsymbol{S}=Q/\varepsilon_0$，高斯，$\sigma/\varepsilon_0$

(3-8) 电荷量相等的负电荷，镜像法（电像法）

第 4 章

<电荷 · 静电场篇>

电介质

与真空电容器不同，通过加入电介质，可以制作容量较大的电容器。第 4 章将介绍电介质极化，描述电容（电容量）的定义和一些具体示例，并总结电容电路和静电能量。

介电极化

把导体放入电场里就会发生静电感应现象，把绝缘体放入电场里就会发生介电极化现象。现在就来探讨一下这两种现象的原理和性质吧。

静电感应和介电极化

当用带有正电荷的绝缘棒（如有机玻璃棒）靠近金属导体球时，金属中的部分自由电子就会被带电棒的正电荷所吸引，移动到靠近棒的表面。其结果是靠近带电棒的金属表面出现了符号相反的负电荷，而相对的远侧则感应出相同符号的正电荷（图 4-1），这种现象称为静电感应。静电感应所产生的正负电荷量相等。

如果将带电体靠近几乎不导电的绝缘体（如玻璃或塑料），那么在绝缘体内部，电子不能从原子或分子中脱离，但是在每个原子的内部，电子会偏向一边，形成正负分开的状态，这种现象叫作原子发生了极化。正、负电荷在绝缘体内部相互抵消，但是在靠近带电体的绝缘体表面，会出现与带电体极性相反的电荷（图 4-2），这种现象称为介电极化（或电极化），这些出现的电荷叫作极化电荷。这是绝缘体产生的静电感应现象。因为绝缘体中会发生介电极化现象，所以也称为电介质。极化电荷不能从绝缘体中取出。

物质的介电常数

电通量密度 $\boldsymbol{D}$(C/m^2) 和电场强度 $\boldsymbol{E}$(V/m) 之间的关系，可以用

MEMO 提示　有时电极化率 χ_e（无量纲）不是用 $\boldsymbol{P}=\varepsilon_0\chi_e\boldsymbol{E}$ 表示，而是设 χ_e 的量纲为（F/m），用 $\boldsymbol{P}=\chi_e\boldsymbol{E}$ 表示。

电极化向量 $\boldsymbol{P}$(C/m^2)、电极化率 χ_e(无量纲)、相对介电常数 ε_r(无量纲)表示为

$$\boldsymbol{D}=\varepsilon_0\boldsymbol{E}+\boldsymbol{P}=(1+\chi_e)\varepsilon_0\boldsymbol{E}=\varepsilon_r\varepsilon_0\boldsymbol{E} \tag{4-1}$$

物质的相对介电常数 ε_r 可见图 4-12。严格来说空气的介电常数与真空的 ε_0 值有所不同，但实际工程中可以视为与真空值相同（误差小于 0.1%）。

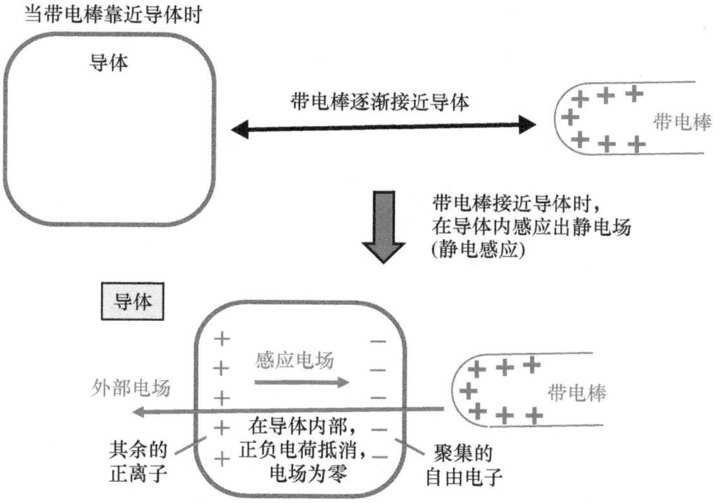

图 4-1

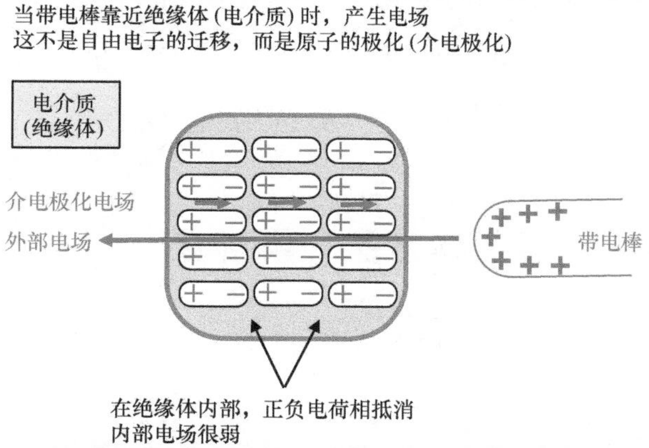

图 4-2

电容器

电容器存储电荷的性能称为电容（电容量）。下面先来看看电容的定义。

电容量定义和单位法拉（F）

如果给一对物体施加正负电荷±Q(C)，就会在物体之间产生电压U(V)。或者在物体之间施加电压U(V)，就可以存储电荷Q(C)(图4-3)。在这种情况下，累积的电量Q(C)与物体之间施加的电压U(V)成正比。

$$Q = CU \tag{4-2}$$

式（4-2）中的比例系数C就是电容器的电容量，简称**电容**（capacitance）。电容的单位为库仑/伏特（符号C/V），在国际单位制（SI）中，电容的单位为**法拉**，简称法（符号F）。

电容器是储存电荷的电子元件，电容量是指电容器储存电荷的能力，用C表示。电容量的单位法拉是指电容器中储存电荷的数量与两极电压的比值，即$C=Q/U$，其中Q为电量，单位为库仑，U为电压，单位为伏特。⊖

平行平板电容器的电位和电容量

根据定义可以求得平行极板电容器的电位和电容量（图4-4）。假

MEMO 提示　电容量的单位为法拉（F），即$1\text{F} = 1\text{C/V} = 1\text{m}^{-2}\text{kg}^{-1}\text{s}^4\text{A}^2$。单位名称用英国科学家迈克尔·法拉第的名字命名。

⊖ 这段原文讲述的是日语外来语单词的区别，与科技无关，改写了。——译者注

设平行极板的面积为 $S(\mathrm{m}^2)$，两个平行极板的距离为 $d(\mathrm{m})$，当电极的电荷量为 $\pm Q(\mathrm{C})$ 时，由高斯定理得到电场强度 $\boldsymbol{E}(\mathrm{V/m})$。对电场强度和电位的公式 $\boldsymbol{E}=-\nabla V$ 进行积分，得到电位 $V(x)$。因此，两个极板间的电位差 U 为 $Qd/(\varepsilon_0 S)$。并且，电容 $C=Q/U$，这里电容的单位是法拉（F）。

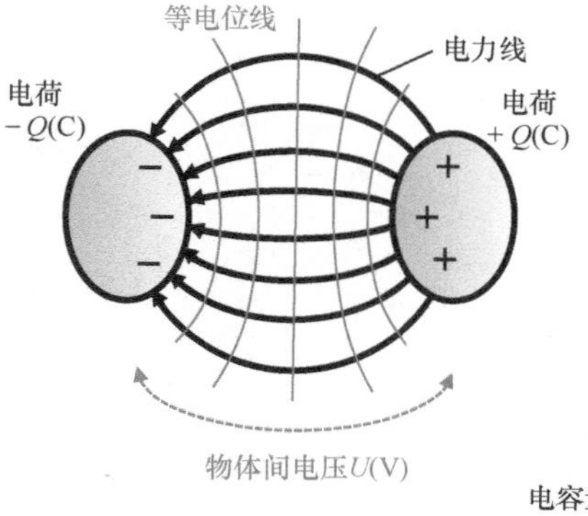

一对电极之间累积的电量 $\pm Q$(C) 与电极之间的电压 U(V) 成正比，这个比例系数就是电容量 C

$$Q=CU$$

电容量 C 的单位为F，或者C/V

电容量 $C=\dfrac{Q}{U}$

图 4-3

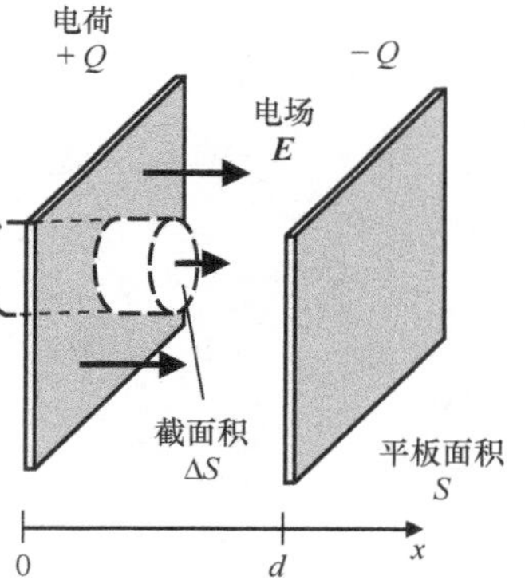

$$Q=\sigma S$$
$$U=Ed$$
$$C=\frac{Q}{U}$$

对于垂直于极板的圆柱应用高斯定理

$$E\Delta S=\frac{\sigma\Delta S}{\varepsilon_0}$$

$$\therefore E=\frac{\sigma}{\varepsilon_0}=\frac{Q}{\varepsilon_0 S}$$

$$\boldsymbol{E}=-\nabla V$$

假设 $V(0)=0$

$$V(x)=-\int_0^x E(x)\mathrm{d}x=-\frac{Q}{\varepsilon_0 S}x$$

电极之间的电位差 (电压) U，以负电荷的电极电位 ($x=d$) 作为基准，来考虑正电荷的电极电位 ($x=0$)

$$U=V(0)-V(d)=\frac{Qd}{\varepsilon_0 S}$$

$$\therefore C=\frac{Q}{U}=\varepsilon_0\frac{S}{d}$$

图 4-4

各种电容器一

作为典型的一维结构的电容器的例子，除了典型的平行平板电容器（见4-2节）之外，还有同轴圆筒形电容器。现在就来探讨这两种电容器。

平行平板电容器

假设在面积为$S(\mathrm{m}^2)$，电极间距为$d(\mathrm{m})$的平行平板电容器上带有$\pm Q(\mathrm{C})$的电量。表面电荷密度为$\sigma(\mathrm{C/m}^2)=Q/S$，应用电场的高斯定理，可以得到真空中平板间的电场强度$E(\mathrm{V/m})$，如3-7节所示。

$$E=\frac{\sigma}{\varepsilon_0}=\frac{Q}{\varepsilon_0 S} \tag{4-3}$$

极板间电压是电场强度乘以距离，即$U(\mathrm{V})=Ed$，因此电容$C(\mathrm{F})$为（图4-5）

$$C=\frac{Q}{U}=\varepsilon_0\frac{S}{d} \tag{4-4}$$

这里假定平板间距离足够小（$d\ll\sqrt{S}$）。

同轴圆筒形电容器

对于内径为a，外径为b，长度为L的细长（$L\gg b$）同轴圆筒形电容器，其内部中心轴上存有$+Q(\mathrm{C})$电荷，其外侧圆筒上存有$-Q(\mathrm{C})$电荷（图4-6）。根据高斯定理，圆筒内部与中心轴距离为$r(a<r<b)$处的内部电场强度$E(r)$为

MEMO 提示　同轴圆筒形电容器内部的电场强度近似等于$1/r$，所以电位与其对数函数（$\log b-\log r$）成正比。当$r\geqslant b$时，电位为零。

$$E(r) = \frac{Q}{2\pi\varepsilon_0 rL} \quad (a<r<b) \tag{4-5}$$

以 $r=b$ 处的电位作为基准，则位置为 r 之处的电位 $V(r)$（V）为

$$V(r) = -\int_b^r E(r)\,\mathrm{d}r = -\int_b^r \frac{Q}{2\pi\varepsilon_0 rL}\mathrm{d}r = \frac{Q}{2\pi\varepsilon_0 L}\log\frac{b}{r} \tag{4-6}$$

因此，通过电位差 $U=V(a)-V(b)$ 可以求得这种电容器的电容量 C（F）。

根据高斯定理

$$E(x) = \frac{Q}{\varepsilon_0 S}$$

对电动势的定义式积分

$$\boldsymbol{E}(x) = -\nabla V$$

$$V(x) = -\int_0^x E\,\mathrm{d}x$$
$$= -\int_0^x \frac{Q}{\varepsilon_0 S}\,\mathrm{d}x = -\frac{Q}{\varepsilon_0 S}x$$

因此，极板上的电位差为

$$U = V(0) - V(d) = \frac{Q}{\varepsilon_0 S}d$$

由电容 $C = \dfrac{Q}{U}$ 得到

$$\boxed{C = \varepsilon_0\frac{S}{d}}$$

图　4-5

根据高斯定理 $E(r) = \dfrac{Q}{2\pi\varepsilon_0 rL}$

$$V(r) = -\int_b^r E\,\mathrm{d}r = -\int_b^r \frac{Q}{2\pi\varepsilon_0 rL}\,\mathrm{d}r = \frac{Q}{2\pi\varepsilon_0 L}\log\frac{b}{r}$$

极板上的电位差为 $U = V(a) - V(b)$

由电容 $C = \dfrac{Q}{U}$ 得到

$$\boxed{C = \frac{2\pi\varepsilon_0 L}{\log(b/a)}}$$

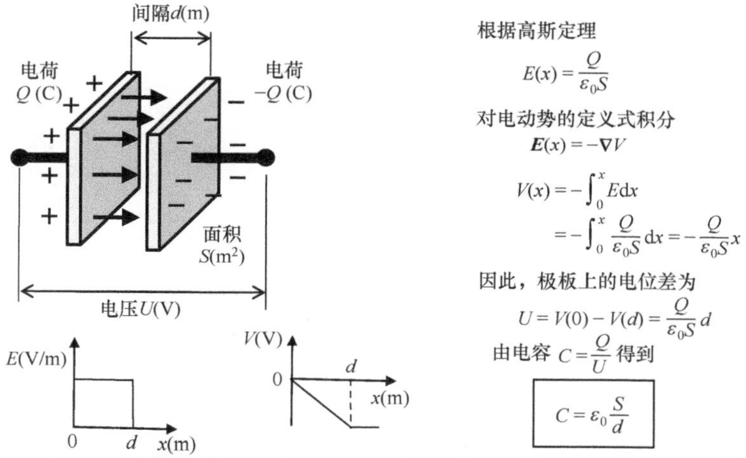

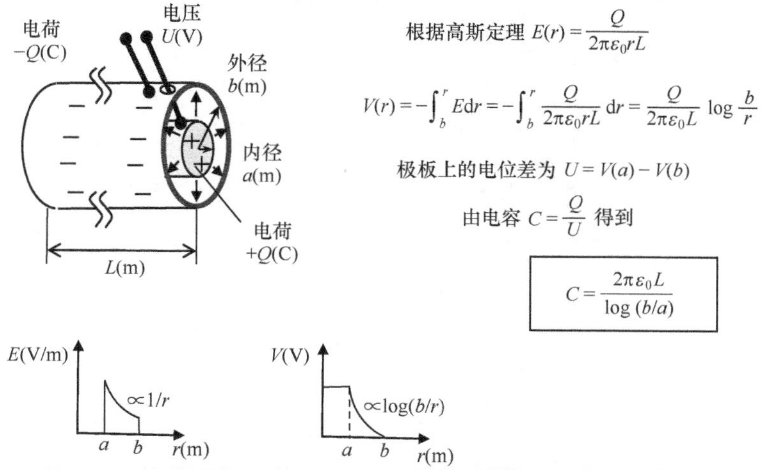

图　4-6

各种电容器二

导体内部的电位是恒定的，只有导体表面存在电荷。本节将讲述孤立球体和同心球壳的电容器，这是另一类电容器的典型例子。

孤立球体的电容器

现在考虑带有电量为 Q(C)，且半径为 R(m) 的孤立导电球体（图 4-7）。根据高斯定理，半径为 $r(r \geqslant R)$ 处的外部电场强度为 $E(r)=Q/(4\pi\varepsilon_0 r^2)$，设无限远处的电位为零，则 r 处的电位 $V(r)$ 为

$$V(r)=-\int_{\infty}^{r} E(r)\,\mathrm{d}r=-\int_{\infty}^{r}\frac{Q}{4\pi\varepsilon_0 r^2}\mathrm{d}r=\frac{Q}{4\pi\varepsilon_0 r} \tag{4-7}$$

因此，可以由电容的定义 $C(\mathrm{F})=Q/V(r)$ 得出孤立球体的电容量的公式为

$$C=4\pi\varepsilon_0 R \tag{4-8}$$

同心球壳的电容器

半径 a 的导电球体被半径 b 的导电球壳包围，这种电容器称为同心球壳电容器（图 4-8）。设中心球体带电量为 Q(C)，外侧球壳带电量为 $-Q$(C)，则在半径 $r=a$ 的球体内部和 $r=b$ 的球壳外部电场强度均为零。球壳内半径 r 处的电场强度为

$$E(r)=\frac{Q}{4\pi\varepsilon_0 r^2} \quad (a \leqslant r \leqslant b) \tag{4-9}$$

MEMO 提示　带电球体的外部电场强度 $\propto 1/r^2$，外部电位是电场强度的积分加上负号，积分的结果是 $\propto 1/r$。

设无限远处的电位为零，对电场强度$-E(r)$积分，得到半径r处的电位$V(r)$

$$V(a)-V(b)=\frac{Q}{4\pi\varepsilon_0}\left(\frac{1}{a}-\frac{1}{b}\right)$$

因此，由两个极板的电位差$U=V(a)-V(b)$得到电容$C(\mathrm{F})$为

$$C=\frac{Q}{U}=\frac{4\pi\varepsilon_0 ab}{b-a} \tag{4-10}$$

如果半径b为无穷大，则可得到半径为a的孤立球体的电容量公式。

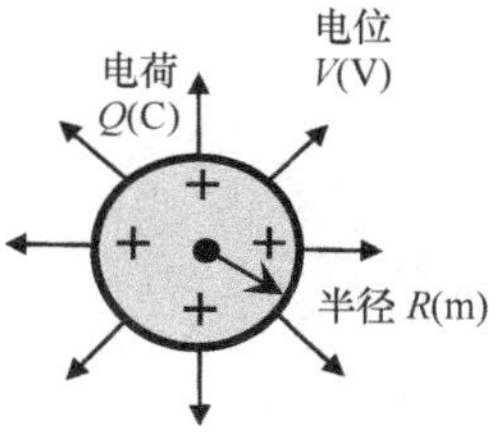

根据高斯定理 $E(r)4\pi r^2=\dfrac{Q}{\varepsilon_0}$

将无限远作为基准，电位V为

$$V=-\int_{\infty}^{R}E(r)\mathrm{d}r=-\int_{\infty}^{R}\frac{Q}{4\pi\varepsilon_0 r^2}\mathrm{d}r=\frac{Q}{4\pi\varepsilon_0 R}$$

由电容 $C=\dfrac{Q}{U}$ 得到

$$\boxed{C=4\pi\varepsilon_0 R}$$

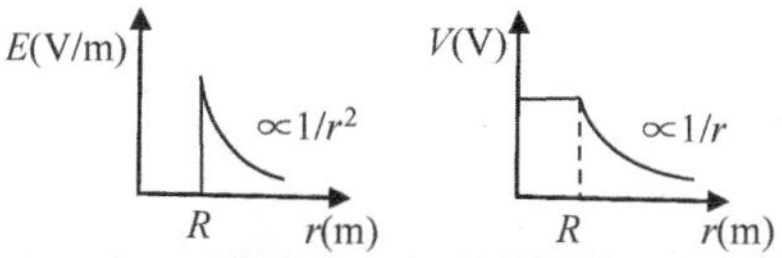

图 4-7

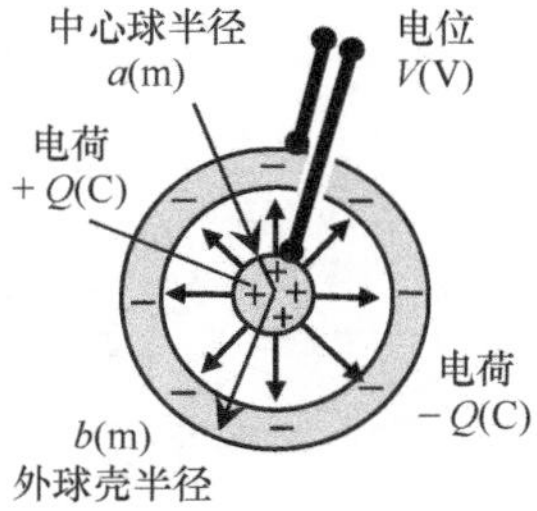

根据高斯定理

$$E(r)=0 \qquad (r<a,\ b<r)$$

$$E(r)=\frac{Q}{4\pi\varepsilon_0 r^2} \qquad (a\leqslant r\leqslant b)$$

根据电位的定义 $V(r)=-\int_{\infty}^{r}E\mathrm{d}r$

$$V(r)=0 \qquad (b<r)$$

$$V(r)=\frac{Q}{4\pi\varepsilon_0}\left(\frac{1}{r}-\frac{1}{b}\right) \qquad (a\leqslant r\leqslant b)$$

$$V(r)=\frac{Q}{4\pi\varepsilon_0}\left(\frac{1}{a}-\frac{1}{b}\right) \qquad (r<a)$$

因此，电极间的电位差 $U=V(a)-V(b)$

由电容 $C=\dfrac{Q}{U}$ 得到

$$\boxed{C=\frac{4\pi\varepsilon_0 ab}{b-a}}$$

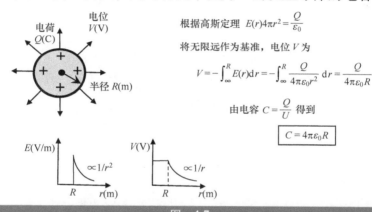

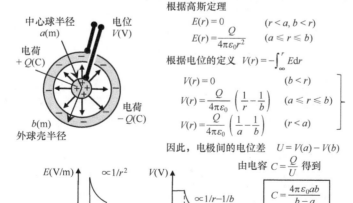

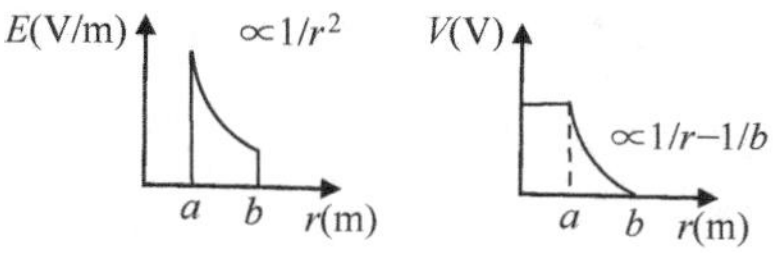

假设半径b为无穷大，就可以得到孤立球体的电容公式

图 4-8

电容器的并联和串联

在平行平板电容器的情况下，将电容器并联相当于增加了极板面积，电容量变大。那么把电容器串联起来，又会变得怎样呢？

并联电路

如图 4-9 所示，把 C_1 和 C_2 两个电容器并联起来，两端加有电压 U。两个电容器各自的电荷量分别为 $Q_1=C_1U$ 和 $Q_2=C_2U$，从端子侧看过去，总的电荷量是 $Q=Q_1+Q_2=C_1U+C_2U=(C_1+C_2)U$，所以电容器并联后合成的电容量是

$$C=\frac{Q}{U}=C_1+C_2 \tag{4-11}$$

通常将 n 个电容器 C_1，C_2，C_3，…，C_n 并联连接，合成的电容量计算如下：

$$C=C_1+C_2+C_3+\cdots+C_n=\sum_{i=1}^{n}C_i \tag{4-12}$$

串联电路

如图 4-10 所示，将容量为 C_1 和 C_2 的两个电容器串联起来。假设两个电容器最初都不带电。整体上施加电压 U 时，在两个电容器上产生相同的电荷量 Q，设两个电容器上的电压分别为 U_1、U_2，则 $Q=C_1U_1=C_2U_2$。因此，端子之间电位差为 $U=U_1+U_2=Q/C_1+Q/C_2=Q(1/C_1+1/C_2)$，从端子侧看，串联后的合成电容量为

MEMO 提示　电容器并联时电压相等，电荷量∝电容量，合成电容量为各电容量之和。串联时电荷量相等，电压∝1/电容量，合成电容量为各个电容量的倒数之和。

$$C=\frac{Q}{U}=1/\left(\frac{1}{C_1}+\frac{1}{C_2}\right)=\frac{C_1C_2}{C_1+C_2} \tag{4-13}$$

通常 n 个电容器 C_1，C_2，C_3，…，C_n 串联时，合成的电容量 C 计算如下：

$$\frac{1}{C}=\frac{1}{C_1}+\frac{1}{C_2}+\frac{1}{C_3}+\cdots+\frac{1}{C_n}=\sum_{i=1}^{n}\frac{1}{C_i} \tag{4-14}$$

两个并联

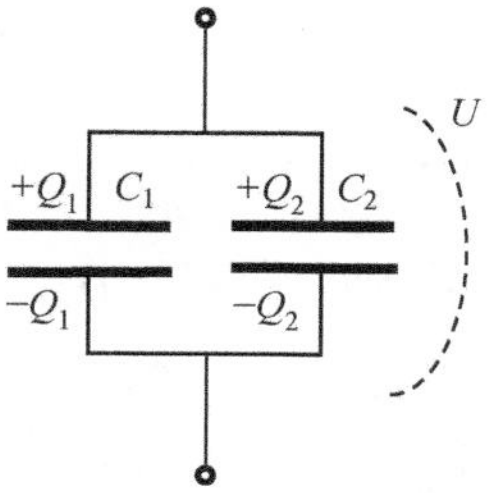

全部电荷量 Q

$$Q=Q_1+Q_2=C_1U+C_2U=(C_1+C_2)U$$

总电荷量和各个分电荷量的关系

$$Q_1=C_1U=\frac{C_1}{C}Q=\frac{C_1}{C_1+C_2}Q$$

$$Q_2=C_2U=\frac{C_2}{C}Q=\frac{C_2}{C_1+C_2}Q$$

因此，合成的电容量为

$$C=\frac{Q}{U}=C_1+C_2$$

多个并联

$$C=C_1+C_2+C_3+\cdots+C_n=\sum_{i=1}^{n}C_i$$

图 4-9

两个串联

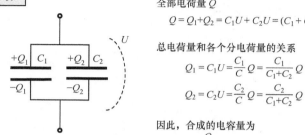

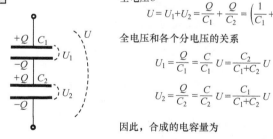

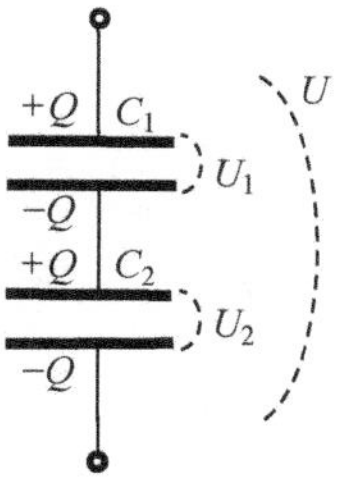

全电压 U

$$U=U_1+U_2=\frac{Q}{C_1}+\frac{Q}{C_2}=\left(\frac{1}{C_1}+\frac{1}{C_2}\right)Q$$

全电压和各个分电压的关系

$$U_1=\frac{Q}{C_1}=\frac{C}{C_1}U=\frac{C_2}{C_1+C_2}U$$

$$U_2=\frac{Q}{C_2}=\frac{C}{C_2}U=\frac{C_1}{C_1+C_2}U$$

因此，合成的电容量为

$$C=\frac{Q}{U}=1/\left(\frac{1}{C_1}+\frac{1}{C_2}\right)=\frac{C_1C_2}{C_1+C_2}$$

多个串联

$$\frac{1}{C}=\frac{1}{C_1}+\frac{1}{C_2}+\frac{1}{C_3}+\cdots+\frac{1}{C_n}=\sum_{i=1}^{n}\frac{1}{C_i}$$

图 4-10

静电能量和介电常数

电容器中可以储存电能，储存的电能与电压和介电常数有什么关系呢？

移动电荷的做功

电容器可以充电储存电荷，为电容量为 C(F) 的电容器充电，使其中的电荷量从 0 到 Q(C) 变化，这样做需要付出能量（做功）。这时电容器的电压将会从 0 变化到 U(V)。在充电过程中，电荷量为 q(C) 时，电压 U(V) 为 $U=q/C$。当增加的电荷量为 Δq(C) 时，相应的功的增量 ΔW(J) 为电压和电荷量的乘积，即 $\Delta W=U\Delta q=q\Delta q/C$（图 4-11a）。因此，电容器中的静电能量 W_C(J) 为 0 到 Q 的 ΔW 之和（三角形的面积），参照图形（图 4-11b）则有

$$W_C=\frac{1}{2}CU^2 \tag{4-15}$$

或者，对 $dW=Udq$ 做关于 q 的积分运算，积分区间是从 0 到 Q，得到

$$W_C=\int dW=\int_0^Q\frac{1}{C}q\,dq=\frac{1}{2C}Q^2=\frac{1}{2}CU^2 \tag{4-16}$$

物质的介电常数

对于面积为 A(m^2) 且间距为 d(m) 的平行平板电容器，极板间的空间体积为 Ad(m^3)。单位体积的静电能量密度为 w_C(J/m^3) =

MEMO 提示　空气的相对介电常数为 1.00057，可以认为与真空介电常数相同，在一般情况下是没有问题的。纸的相对介电常数是 2.0~2.6，水是 80。

$W_C/(Ad)$，利用电场强度的公式 $E(\mathrm{N/C}) = U/d(\mathrm{V/m})$，在真空的情况下，电容器内的静电能量密度为

$$w_C = \frac{1}{2}\varepsilon_0 E^2 \tag{4-17}$$

当电容器中充满**相对介电常数**为 ε_r 的物质时，此时的介电常数 ε 是 $\varepsilon = \varepsilon_r\varepsilon_0$，电容器内的静电能量密度为

$$w_C = \frac{1}{2}\varepsilon E^2 \tag{4-18}$$

典型物质的相对介电常数如图 4-12 所示。

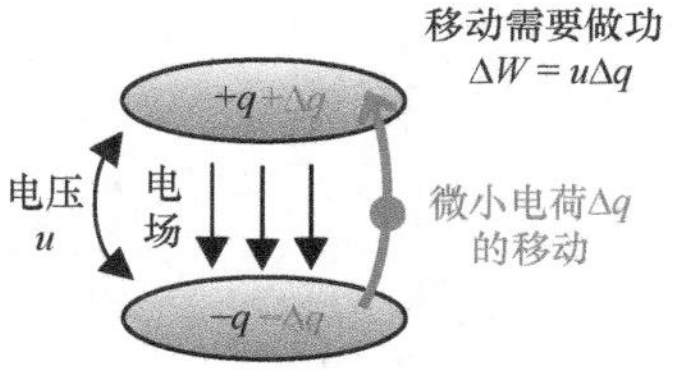

a)

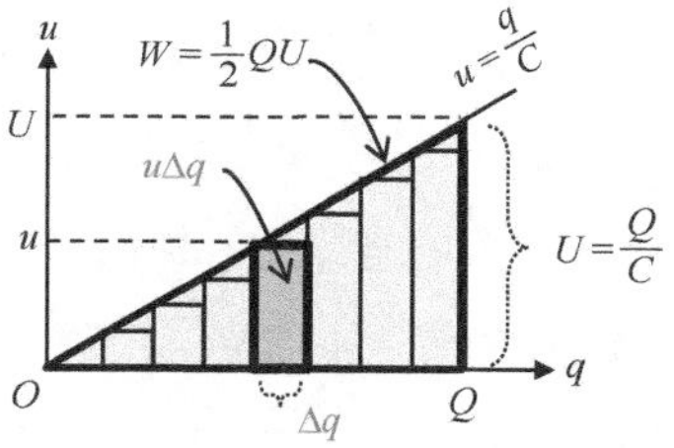

b)

图 4-11

介电常数 $\varepsilon = \varepsilon_r\varepsilon_0$

真空的介电常数 $\varepsilon_0 = \frac{1}{\mu_0 C^2} = 8.85\times10^{-12}\mathrm{F/m}$

物质名称	相对介电常数 ε_r
真空	1.00000
空气	1.00059
纸、橡胶	2.0 ~ 3.0
云母	7.0 ~ 8.0
氧化铝 (Al_2O_3)	8.5
水	80
钛酸钡	约5000

严格来说，空气的介电常数比真空的介电常数高出6‱，但是，通常把空气的介电常数等同于真空的介电常数，也是没有问题的

图 4-12

作用于平行平板电极的力

电容器内部积蓄的正负电荷相互吸引，这个吸引力与电荷量（电量）的二次方成正比。

电场能量产生的吸引力

对于平行平板电极电容器，当电量$\pm Q$(C) 不变时，内部的电场强度 E(V/m) 是恒定值 $E=Q/(\varepsilon_0 A)$，与电极间距离 d(m) 无关。假设静电力 F(N) 作用于电容器的两个极板上，如果使一个电极板克服吸引力而远离 Δx(m) 的距离，则此时的做功量为 $F\Delta x$(J)。另外，移动 Δx(m) 距离后两极板间的体积变化为 $S\Delta x$，因此，两极板间的空间能量变化量为 $w_C S\Delta x$（图 4-13）。这里的 $w_C=(1/2)\varepsilon_0 E^2$ 为电场的能量密度，相当于电场的压力。根据能量守恒定律有 $F\Delta x+w_C S\Delta x=0$，作用在平行平板电容器的力，计算如下：

$$F=-w_C S=-\frac{\varepsilon_0}{2}\frac{U^2}{d^2}S=-\frac{Q^2}{2\varepsilon_0 S}(\mathrm{N}) \tag{4-19}$$

其中，平行板的电容量为 $C=\varepsilon_0 S/d$，利用 $Q=CU$，$U=Ed$，平行平板之间的力（因为结果为负值，所以是吸引力）与极板的面积成正比，与电压的二次方成正比，与极板间隔 d 的二次方成反比，或者与电荷量的二次方成正比。

电场中的吸引力

加到电极上的力可以用电场中电荷的作用力 $F=qE$ 来评估。单张

MEMO 提示　静止流体的能量密度相当于任意面上的压力是各向同性的，而电磁场压力（麦克斯韦应力）是非各向同性的。

平行平板上的电压分在两侧的电场强度为 $E/2$（图4-14），这个平板的电场不产生力。因此，一个电极的电场和另一个电极的电场之间的吸引力也可以写成

$$F = -\frac{1}{2}QE \qquad (4\text{-}20)$$

这个公式与式（4-19）相同。

间隔 d(m) Δx

$w_C = (1/2)\,\varepsilon_0 E^2$

$\Delta W_C = w_C S \Delta x$

$F\Delta x + w_C S \Delta x = 0$

$F = -w_C S = -\dfrac{\varepsilon_0}{2}\dfrac{U^2}{d^2}S = -\dfrac{Q^2}{2\varepsilon_0 S}$

面积 S(m²)

电压 U(V)

图　4-13

E

$+Q$　　　　$+$　　　　$-Q$　　　$=$　　　$+Q$　　　$-Q$

根据高斯定理

$2ES = \sigma S/\varepsilon_0$

$E = \sigma/2\varepsilon_0$

$E = -\sigma/2\varepsilon_0$

$E = \sigma/\varepsilon_0$

两个电极之间产生的电位差就是平行平板内部的电压

图　4-14

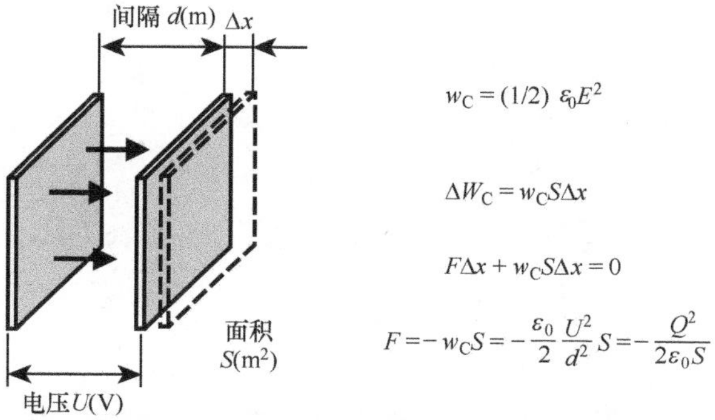

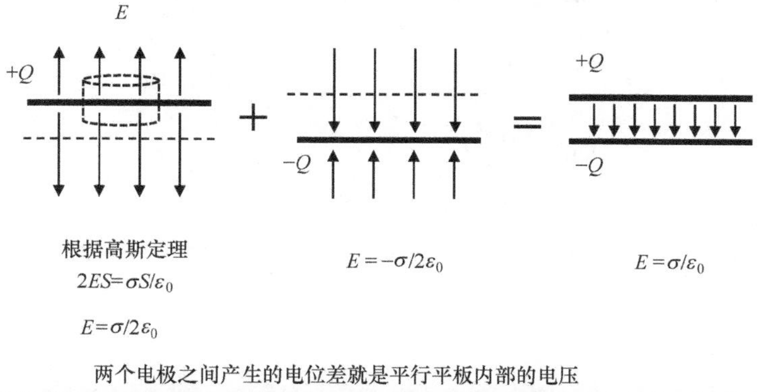

电介质电容器

为了增加电容器的电容量，可以在电极之间插入介电常数较大的电介质。在这种情况下，电容器极板间的电压会怎样变化呢?

电容量与相对介电常数成正比

有平行平板电容器的极板间是真空的情况，也有充满电介质的情况，现在对这两种情况做比较。在真空情况下（图 4-15a），电容量为

$$C_0=\frac{\varepsilon_0 S}{d} \tag{4-21}$$

在电容器的电荷量为$\pm Q_0$ 的情况下，极板间的电压 U_0 和电场强度 E_0 分别为

$$U_0=\frac{Q_0}{C_0},\ E_0=\frac{U_0}{d}=\frac{Q_0 d}{\varepsilon_0 S} \tag{4-22}$$

这时，如果在极板间插入相对介电常数为 $\varepsilon_r(\varepsilon_r>1)$ 的电介质，则电介质的分子由于极化作用（图 4-15b），电容器的电容量 C 是 C_0 的 ε_r 倍。

$$C=\varepsilon_r C_0 \tag{4-23}$$

电荷量不变与电压不变的区别

在极板的电荷量不变 $Q=Q_0$ 的情况下，极板间的电压 U 和内部电场强度 $E(=U/d)$ 变小，成为原值的 $1/\varepsilon_r$。存储的能量 $W=(1/2)Q^2/C$ 也

MEMO 提示　电荷量不变的情况下，插入电介质会减少储存的能量。

从真空时的 W_0 减少到原值的 $1/\varepsilon_r$。

当 $Q=Q_0$ 时：
$$U=\frac{U_0}{\varepsilon_r},\ E=\frac{E_0}{\varepsilon_r},\ W=\frac{W_0}{\varepsilon_r} \tag{4-24}$$

如果利用了外部电源使 $U=U_0$（电压不变），这时，电容量 C 增加 ε_r 倍，电容器中储存的电荷量 Q 随之增加 ε_r 倍。由于内部电场强度没有变化，所以储存的能量 $W=(1/2)CU^2$ 也增加 ε_r 倍(图 4-16)。

当 $U=U_0$ 时，
$$Q=\varepsilon_r Q_0,E=E_0,W=\varepsilon_r W_0 \tag{4-25}$$

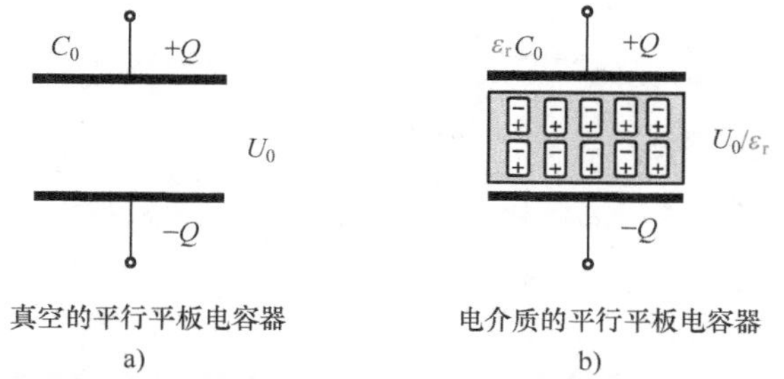

图 4-15

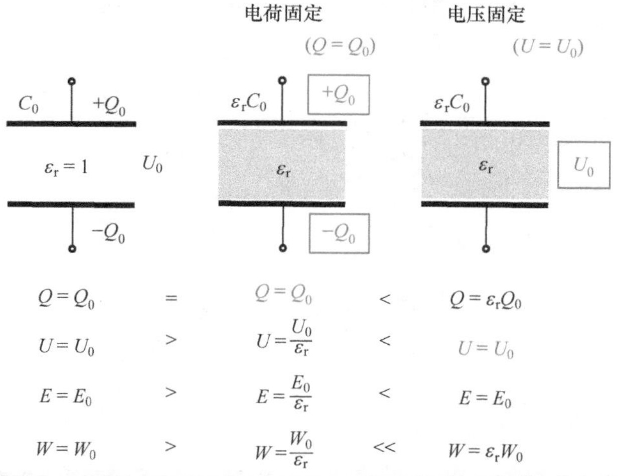

图 4-16

第4章

选择测试题

答案见 78 页

测试题 4.1　电容器能储存能量吗?

有两个电容量相同的电容器，接线如图所示。左边的电容器储存$\pm Q$ 的电荷，右边的电容器电荷量为零。合上开关后，电容器中储存的总能量会成为什么样?

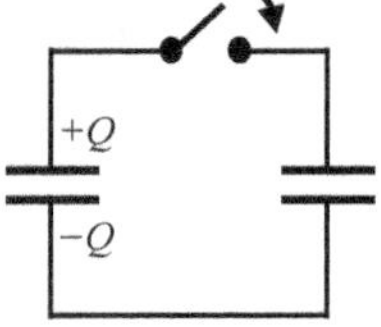

① 保持不变　② 稍微减少

③ 减半　④ 变成四分之一

测试题 4.2　插入电介质后，结果会怎样?

平行平板的空气电容器的极板面积为 S，极板间距离为 d，电容量为 C_0。空气的相对介电常数近似为 1。

（1）在空气电容器的右半部分（面积 $S/2$）插入相对介电常数为 ε_r 的电介质，这时电容量大约是 C_0 的多少倍?

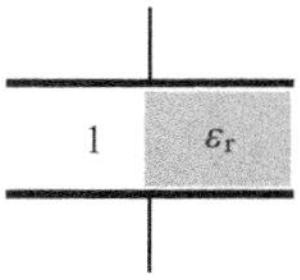

① $1+\varepsilon_r$　② $(1+\varepsilon_r)/2$　③ $\varepsilon_r/(1+\varepsilon_r)$　④ $2\varepsilon_r/(1+\varepsilon_r)$

（2）在空气电容器的下半部分（间隔 $d/2$）插入电介质，这时电容量大约是 C_0 的多少倍?

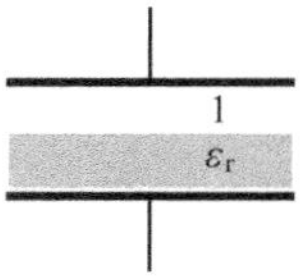

① $1+\varepsilon_r$　② $(1+\varepsilon_r)/2$　③ $\varepsilon_r/(1+\varepsilon_r)$　④ $2\varepsilon_r/(1+\varepsilon_r)$

专栏4

大有作为的双电层电容器

我们身边的信息设备里利用电池作为电源。在双电层电容器（EDLC）中，使活性炭和电解液相接触并施加电压生成双电层，可以储存电力。它的蓄电量是普通铝电解电容器的 1000 倍到 10 万倍，是可充电电池（二次电池）的 1/10 左右。利用化学反应的蓄电池可充电次数在 1000 次左右，而双电层电容器的充电次数超过十万次。

因为能够做到快速地充放电，双电层电容器将在环保发电等多个领域中发挥作用。需要引起注意的是电荷量与电压成比例下降的问题。

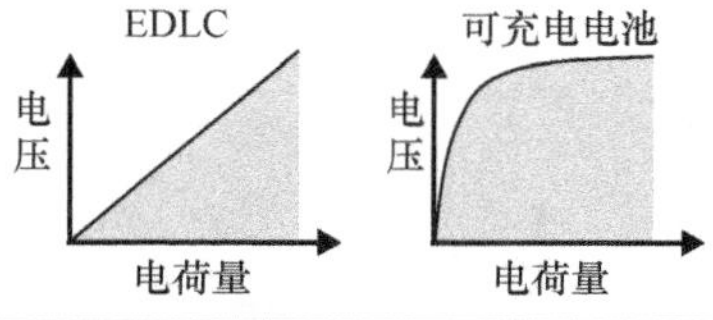

综合测试题

问题对应各节的总结/答案见 78 页

4-1 真空的介电常数为 ε_0，利用电极化向量 $\boldsymbol{P}$，则可以把电通量密度 $\boldsymbol{D}$ 与电场强度 $\boldsymbol{E}$ 的关系写成[ ]。假设电感率为 χ_e，则 $\boldsymbol{P}$ 与 $\boldsymbol{E}$ 的关系可以写成[ ]。

4-2 当在物体之间施加电压 U(V)，电荷量为 $\pm Q$(C) 时，电容 C 定义为[（单位）]。

4-3 在面积为 $S(\mathrm{m}^2)$ 且电极间距为 d(m) 的窄的平行平板电容器中，当存在 $\pm Q$(C) 的电荷量时，电场强度 E 为[（单位）]，电容量 C 为[（单位）]。此外，在内径为 a，外径为 b，长度为 L 的细长（$L \gg b$）同轴圆柱电容器内部的电场强度 $E(r)$ 为[（单位）]，因此，电容量为[（单位）]。

4-4 带有电荷量 Q(C)、半径为 R(m) 的球壳，假设无穷远处的电位为零，则电位 $V(r)$ 表示为[（单位）]，电容 C 表示为[（单位）]。

4-5 电容量为 C_1 和 C_2 的两个电容器，并联后合成电容量是[ ]，串联后合成电容量是[ ]。

4-6 当电压 U(V) 施加到电容量为 C(F) 的电容器时，电容器中的静电能量 W_C 为[（单位）]。在这种情况下，假设电场强度为 E(V/m)，则单位体积的静电能量密度 w_C 为[（单位）]。

4-7 当电量为 $\pm Q$(C) 的平行平板电容器的内部电场强度为 E(V/m) 时，单侧平板的电场强度为[ ]，因此，作用到极板的力为[（单位）]。

4-8 平行平板电容器在空气中电容量为 C_0，如果向其中插入介电常数为 ε_r 的电介质，则电容量变为[ ]。这时，在电荷恒定的情况下，电场强度为[ ]倍，储存能量为[ ]倍。在电压恒定的情况下，电场强度为[ ]倍，储存的能量为[ ]倍。

测试题答案

答案 4.1　③ 减半

【解释】开关分开时，能量为 $W_0=(1/2)CU_0^2=(1/2)(Q^2/C)$。开关连接后，根据电荷守恒定律，左右电容器的电荷量均为 $Q/2$，因此有 $W_1=2\times(1/2)[(Q/2)^2/C]=(1/4)(Q^2/C)=W_0/2$。

【参考】电容器的一半能量最终损失为焦耳热，这是由于大电流振荡激发的电磁波和电阻产生的焦耳热。

答案 4.2　(1) ②　(2) ④

【解释】(1) 考虑将电容器分为左右两部分，可以看出，右侧电容量为 $C_0/2$，左侧电容量为 $\varepsilon_r C_0/2$，可将两部分电容器视为并联，合成的电容量为 $(1+\varepsilon_r)C_0/2$，是 C_0 的 $(1+\varepsilon_r)/2$ 倍。

(2) 考虑将电容器分为上下两部分，可以看出，上半部的电容量为 $2C_0$，下半部的电容量为 $2\varepsilon_r C_0$，可将两个电容器视为串联，合成的电容量为 $2C_0\times2\varepsilon_r C_0/(2C_0+2\varepsilon_r C_0)=2\varepsilon_r C_0/(1+\varepsilon_r)$，是 C_0 的 $2\varepsilon_r/(1+\varepsilon_r)$ 倍。

【参考】当 $\varepsilon_r\gg1$ 时，(1) 的答案→$\varepsilon_r/2$，(2) 的答案→2。

在极限情况下，并联时容量较大的 $\varepsilon_r C_0/2$ 是总电容；串联时容量较小的 $2C_0$ 是总电容。

综合测试题答案（满分 20 分，目标 14 分以上）

(4-1) $\boldsymbol{D}=\varepsilon_0\boldsymbol{E}+\boldsymbol{P}$，$\boldsymbol{P}=\chi_e\varepsilon_0\boldsymbol{E}$（或者 $\boldsymbol{P}=\chi_e\boldsymbol{E}$，参照 60 页的提示）

(4-2) Q/U(C/V) 或者 (F)

(4-3) $Q/(\varepsilon_0 S)$(V/m)，$\varepsilon_0 S/d$(F)，$Q/(2\pi\varepsilon_0 rL)$(V/m)，$2\pi\varepsilon_0 L/[\log(b/a)]$(F)

(4-4) $Q/(4\pi\varepsilon_0 r)$(V)，$4\pi\varepsilon_0 R$(F)

(4-5) C_1+C_2，$C_1C_2/(C_1+C_2)$

(4-6) $(1/2)CU^2$(J)，$(1/2)\varepsilon_0E^2$(J/m^3)

(4-7) $E/2$，$-(1/2)QE$(N)（负号表示吸引力）

(4-8) 参照 4-8 节

第 5 章

<电流 · 静磁场篇>

直流电路

日常生活中所用到的各种小型电子设备都是基于电池的直流电路。第 5 章将对直流电路中的电流和电阻做物理性描述，并总结电路中最基本的欧姆定律和电能的功耗，还将讨论电阻的合成和电路的基尔霍夫定律。

5-1 <电流 · 静磁场篇>

电流和电阻

带电粒子连续移动时形成的电荷流称为电流。将正电荷从阳极流向阴极的方向设定为电流的正方向。

导体和电解质溶液中的电流

有微电荷 ΔQ(C) 在微小时间间隔 Δt(s) 流过某一截面时，这个电流 I(A) 等于 $\Delta Q/\Delta t$，表示成微分形式为

$$I=\frac{\mathrm{d}Q}{\mathrm{d}t} \tag{5-1}$$

电流的单位是 MKSA 单位制中的基本单位安培（A）。

在金属导体中存在带负电荷（$-e$）的自由电子，电流的实质就是自由电子的流动，金属导体内电流流动的方向与电子流动的方向相反。另一方面，与导体不同，在含有阳离子和阴离子的电解质溶液内，只要施加电压，正离子和负离子就会同时承担电流的流动。在气体放电过程中，正离子和负电子也会共同地移动，所以电流的形成不仅依靠电子（图 5-1）。

电阻和电阻率

如果向横截面积为 S(m^2)、长度为 L(m) 的金属导体上施加电压，则自由电子就会在与其他电子或原子发生碰撞的同时，整体向与电压相反的方向运动（图 5-2）。用 $R=U/I$ 表示电流 I(A) 相对于电压

MEMO 提示　电阻率 ρ($\Omega\cdot$m) 的倒数是电导率（导电率）σ，单位是西门子每米（S/m）。

$U(V)$ 的流动难度。R 称为**电阻**，单位是**欧姆（Ω）**。若将 L 增加 1 倍，则电阻 $R(\Omega)$ 也增加 1 倍；若将 S 增加 1 倍，则电阻 $R(\Omega)$ 反而变成一半，所以可以写成

$$R = \rho \frac{L}{S} \tag{5-2}$$

式中，比例常数 $\rho(\Omega \cdot m)$ 称为**电阻系数**或**电阻率**或**比电阻**，它依赖于物质的属性（参照 5-2 节）。

金属导体内的电流	电解液内的电流	放电管内的电流

（固体）　　　　　　（液体）　　　　　　（气体）

原子核离子并不移动，自由电子从右向左移动，规定的电流方向是从左向右移动

在食盐水中，阳离子和阴离子同时移动

从阴极放出的电子将气体电离，正离子和负电子同时移动

$$I = \frac{\mathrm{d}Q}{\mathrm{d}t}$$ 电流是正电荷量对于时间的变化率

图　5-1

自由电子的移动与电流
（当施加电压时）

自由电子与其他电子或原子发生碰撞的同时，整体朝着与电场方向相反的方向移动

电压 U

电流 I

电子的流动

截面积 $S(m^2)$

电子 e^-

长度 $L(m)$

电阻
$$R(\Omega) = \rho \frac{L}{S}$$

$\rho(\Omega \cdot m)$ 称为电阻系数或电阻率，ρ 具有温度依赖性（见 5-4 节）

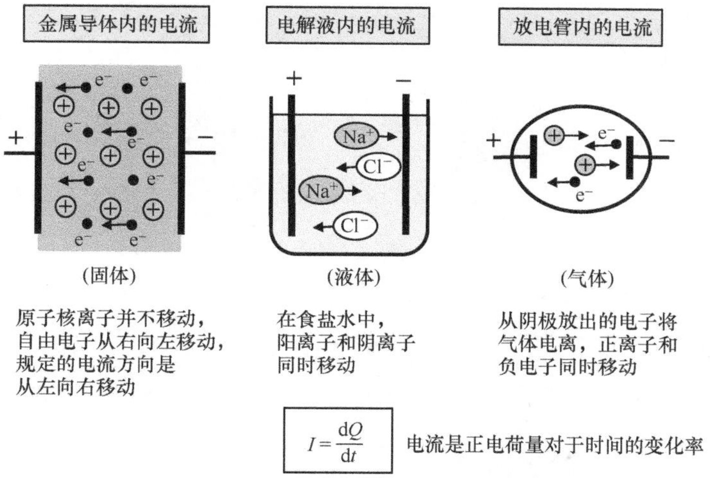

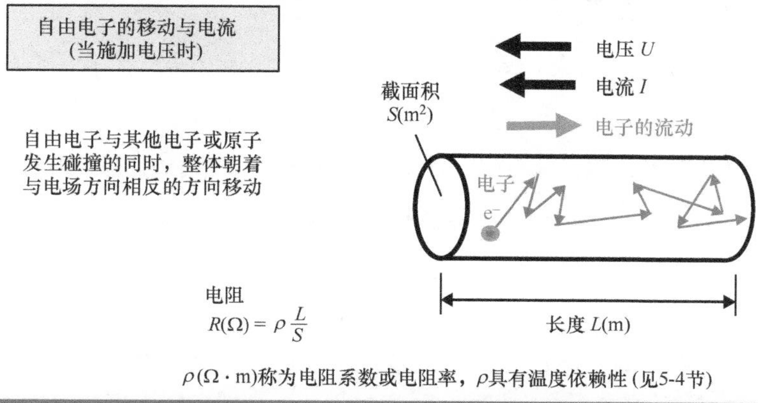

图　5-2

欧姆定律

众所周知，电路中的欧姆定律是（电压）=（电阻）×（电流），现在将对这个定律做一个物理学描述。

欧姆定律

如果在导体的两端加上电压 U(V)，则与电压成正比的电流 I(A) 就会流动。这就是 1826 年由欧姆发现的欧姆定律（图 5-3），写成公式为

$$U=RI \tag{5-3}$$

这里的比例系数 R 就是在前节叙述的电阻，其单位是欧姆（Ω）。之所以使用希腊文字 Ω，是因为人名中的首字母 O 很难与数字中的 0 相区别。国际标准中的电阻器（电阻）使用了图 5-3b 中的符号。

微观上的解释

导体的材质、截面积 S(m^2) 和长度 L(m) 不同，流过的电流 I(A) 的大小也会不同。设一个电子［电量为 $-e$(C)］正在以 v(m/s) 的速度移动，且导体内的电子密度为 n(m^{-3})，则在时间 Δt(s) 内通过导体截面的电子数是 $nv\Delta tS$ 个，即流过 $-env\Delta tS$(C) 的电量。这等于电量 $-I\Delta t$，所以电流 I 和电流密度 j($\mathrm{A/m}^2$) 为

$$I=envS,\ j=\frac{I}{S}=env \tag{5-4}$$

另一方面，在导体两端间施加电压 U(V) 时，电场强度就是

MEMO 提示　加在自由电子上的阻碍力与速度成正比。类似于雨滴的空气阻力，在像火箭那样的高速运动中，阻力与速度的二次方成正比。

$E=U/L$，施加到一个电子上的力为 $eE=eU/L$（图 5-4）。因为电子会受到由导体中的离子和杂质造成的阻碍力 kv(N)(k 是比例常数)，所以电场力 eE 和阻碍力 kv 会平衡地决定运动。因此，速度为 $v=eE/k=eU/(kL)$，可以得到

$$\frac{U}{I}=\frac{k}{ne^2}\frac{L}{S} \quad (\text{恒定}) \tag{5-5}$$

这就是欧姆定律的微观解释。

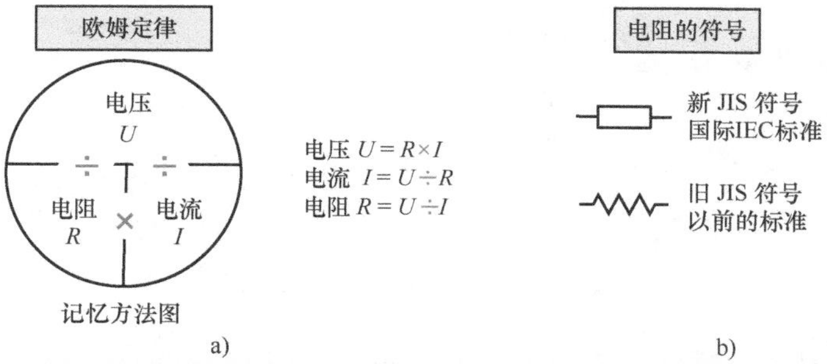

图 5-3

(欧姆定律的微观解释)

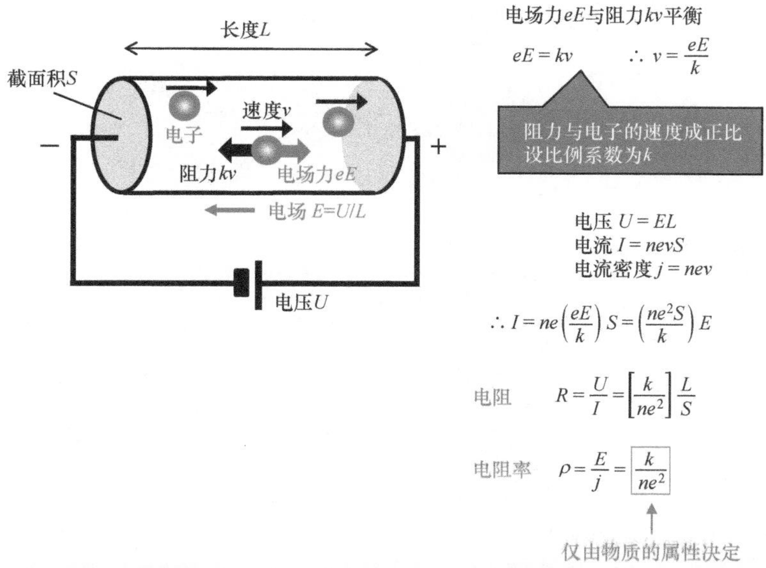

图 5-4

电功率和焦耳热

电流通过有电阻的导体时产生的热量称为焦耳热，消耗的电功率与电流的二次方成正比。

电功和电功率

电流 I(A) 从电源流出 Δt(s) 的时间，相当于有 $Q(\mathrm{C}) = I\Delta t$ 的电量流出。当电源提供电压 U(V) 时，电源在 Δt(s) 内做出的**功**就是 $W(\mathrm{J}) = QU$。单位时间内所做的功称为**电功率** P，单位为**瓦特**（W），电功率的定义是 $P(\mathrm{W}) = W/\Delta t$，即

$$P = UI \tag{5-6}$$

电源所做的功（能量）称为电功，由电源产生的功率称为电功率。例如，电压为 100V、电流为 1A 的机器，它的输入功率为 100W。如果使用 1s，电源做的**电功**（能量）就是 100J（焦耳）。特别注意，**千瓦 · 时**（kW · h）是电功的实用单位，相当于每小时（3600s）使用 1kW 的电功率所做的功，因此，$1\mathrm{kW \cdot h} = 3.6\times10^6\mathrm{J}$（图 5-5）。

焦耳热

当电流 I(A) 流过电阻 $R(\Omega)$、电阻两端的电压为 U(V) 时，按欧姆定律 $U=RI$，消耗的电功率为 $P = UI = RI^2 = U^2/R$。这相当于外部电路从电源得到了 P(W) 的电功率。加在电阻上的电功率最终会转化成热量。假设通电时间为 t(s)，则有

MEMO 提示　詹姆斯 · 普雷斯科特 · 焦耳（1818—1889 年）发现了式（5-7）的 $P\propto I^2$，被命名为焦耳定律。

$$W=Pt=UIt=RI^2t=\frac{U^2}{R}t \tag{5-7}$$

这种热量称为焦耳热，单位是 J。在日常生活中，焦耳热被用于电炊具加热，以及取暖的陶瓷加热器和感应加热器（IH）等（图 5-6）。

电功率 (W) = 电压 (U)×电流 (A)

$$P=UI=RI^2=\frac{U^2}{R}$$

电功 W(W·h) = 电功率 P(W)×时间 t(h)

$$W=Pt=UIt=RI^2t=\frac{U^2}{R}t$$

1kW·h = 3.6×10^6 J

使用 1h1kW 电功率的电功

1W·s = 1 J

使用 1s1W 电功率的电功

1 cal = 4.184 J

将 1g 水提高 1°C 所需的热量

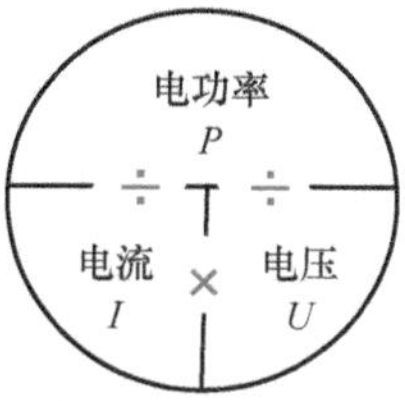

P、I、U 的相关图

电功率 $P=I\times U$

电流 $I=P\div U$

电压 $U=P\div I$

图 5-5

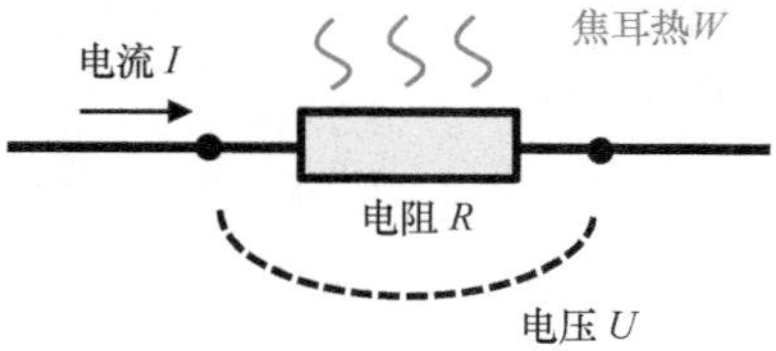

焦耳热

$$W=Pt=UIt=RI^2t=\frac{U^2}{R}t$$

W (J)	焦耳热
P (W)	电功率
U (V)	电压
I (A)	电流
R (Ω)	电阻值
t (s)	通电时间

1 cal = 4.2 J：将1g水的温度提升1°C所需的热量

图 5-6

电路和水路的比较

将电路中的电压、电流与水路模型中的水压、水流进行比较，就更加容易理解不可见的电流。

电流和水流的闭合回路

电路中电压和电流的关系，类似于水从高处流过管道时水路中的水压和水流的关系（图 5-7）。如果高度增加 1 倍，则水压（电压）也会增加 1 倍，只要管道的粗细（与阻力有关）相同，那么水流（电流）也会增加 1 倍。在水路中依靠水泵的作用把低处的水抽到高处，这相当于电池（电源）在电路中的作用。如同欧姆定律中的电压和电流成正比一样，水压和水流也成正比关系。其比例系数就是水路的阻力。

电阻率对于温度的依赖性

如果将管道的截面积加倍，则阻力就会减半，水流（电流）就会增加 1 倍。缩小水管面积、增加水管长度（相当于增大阻力），水流必然难以流动。对于电路中的电阻，设导体的截面积为 $S(\mathrm{m}^2)$、长度为 $L(\mathrm{m})$，则电阻 $R(\Omega)$ 与长度 L 成正比，而与截面积 S 成反比

$$R=\rho\frac{L}{S} \tag{5-8}$$

式中，比例系数 $\rho(\Omega\cdot\mathrm{m})$ 称为电阻系数（电阻率或比电阻），符号是

MEMO 提示　与导体相反，半导体随着温度升高电阻率反而下降，这是因为跨越能级带隙流动的自由电子数量增加的缘故。

希腊字母 ρ。特别要注意，电阻率依赖于物质的种类和温度 T。从基准温度 T_0(℃) 变化到温度 T，电阻率 ρ 近似为

$$\rho=\rho_0[1+\alpha(T-T_0)] \tag{5-9}$$

式中的 α(1/℃) 是**温度系数**。因为电子运动时会与其他电子或原子碰撞，温度升高，阳离子的振动就会加剧，自由电子在移动时受到的干扰就会加重。ρ_0 和 α 的数值列在图 5-8 的表格中，实际上数值会因材料中的杂质状况而有所变化。

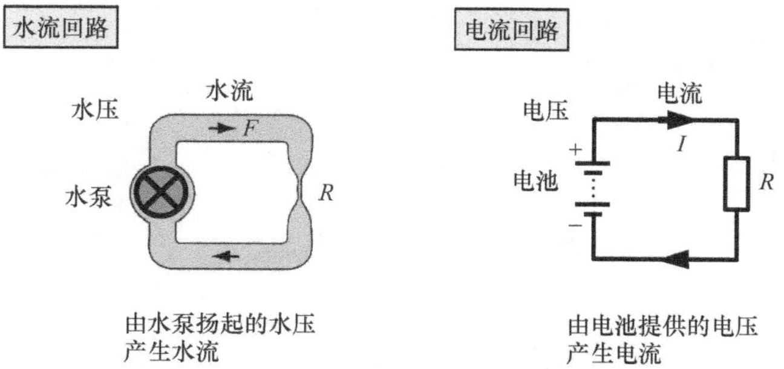

图 5-7

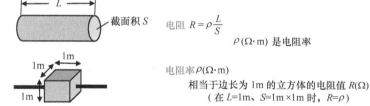

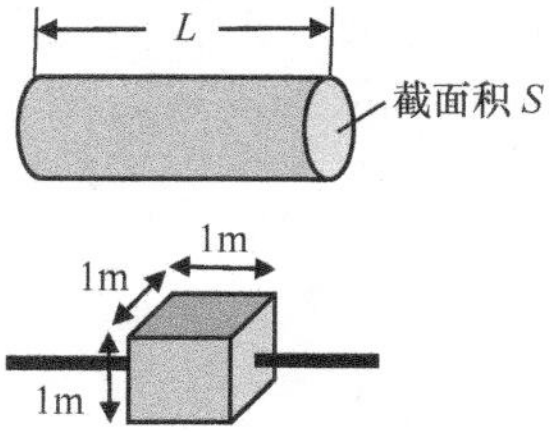

电阻 $R=\rho\dfrac{L}{S}$

$\rho(\Omega\cdot m)$ 是电阻率

电阻率 $\rho(\Omega\cdot m)$

相当于边长为 1m 的立方体的电阻值 $R(\Omega)$

(在 L=1m、S=1m×1m 时，$R=\rho$)

电阻率随温度变化

$\rho=\rho_0[1+\alpha(T-T_0)]$

如果导体的温度上升，背景中原子等粒子的运动就会加强，使电阻增加

物质的种类	0°C 时的电阻率 ρ_0 ($\times10^{-8}\ \Omega\cdot m$)	温度系数 α ($\times10^{-3}$/°C)
铜	1.55	4.4
铁	8.9	6.5
钨	4.9	4.9
镍铬合金	107	0.21

因为铁的电阻率大约是铜的 6 倍，所以要想用同样的长度制成同样的电阻，就需要铁的截面积是铜 6 倍的粗导体

图 5-8

电阻的合成

在水路中，如果是两个节流阀并联，流量就会变成 2 倍；如果是两个节流阀串联，流量就会变成一半。电路的情况也是如此。

串联时的合成电阻

把两个电阻 R_1、R_2 串联连接时（图 5-9），假设流过的电流 I 不变，则在电阻 R_1 上的电压降为 $U_1=R_1I$，在电阻 R_2 上的电压降为 $U_2=R_2I$。总的电压降 U 为 $U_1+U_2=(R_1+R_2)I$。由于 $RI=U$，因此串联时合成电阻 R 为

$$R=R_1+R_2 \tag{5-10}$$

一般来说，电阻 R_1、R_2、R_3、…、R_n 等 n 个电阻串联连接时的合成电阻 R 如下：

$$R=R_1+R_2+R_3+\cdots+R_n=\sum_{i=1}^{n}R_i \tag{5-11}$$

并联时的合成电阻

把两个电阻 R_1、R_2 并联连接时（图 5-10），因为流过电阻 R_1 的电流为 $I_1=U/R_1$，流过电阻 R_2 的电流为 $I_2=U/R_2$，所以总电流 I 为 $I_1+I_2=(1/R_1+1/R_2)U$。由 $U/R=I$ 得到并联时合成电阻 R 为

$$\frac{1}{R}=\frac{1}{R_1}+\frac{1}{R_2} \tag{5-12}$$

MEMO 提示　电阻串联时电流相等，电压（∝电阻）相加；并联时电压相等电流（∝1/电阻）相加。

$$\therefore \quad R=\frac{R_1R_2}{R_1+R_2} \tag{5-13}$$

一般来说，电阻 R_1、R_2、R_3、…、R_n 等 n 个电阻并联连接时的合成电阻 R 如下：

$$\frac{1}{R}=\frac{1}{R_1}+\frac{1}{R_2}+\frac{1}{R_3}+\cdots+\frac{1}{R_n}=\sum_{i=1}^{n}\frac{1}{R_i} \tag{5-14}$$

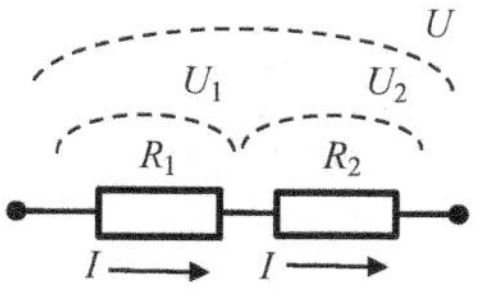

$U=U_1+U_2=R_1I+R_2I=(R_1+R_2)I$

$\therefore R=U/I=R_1+R_2$

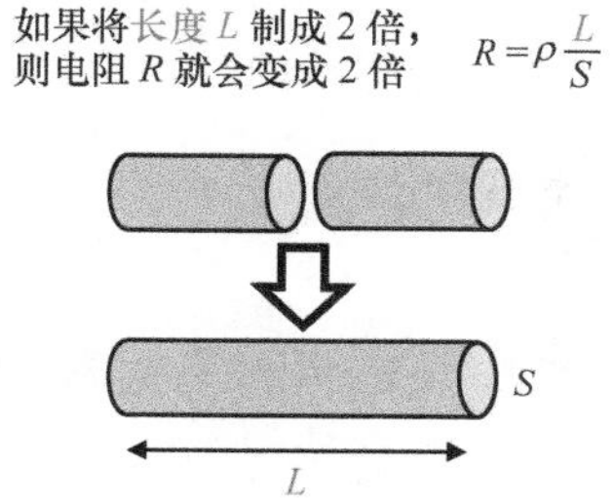

多个电阻串联

$$R=R_1+R_2+R_3+\cdots+R_n=\sum_{i=1}^{n}R_i$$

图 5-9

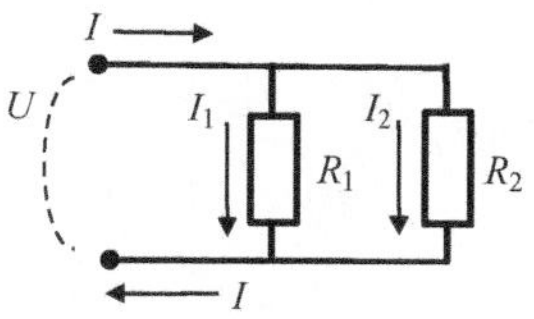

$$I=I_1+I_2=\frac{U}{R_1}+\frac{U}{R_2}=\left(\frac{1}{R_1}+\frac{1}{R_2}\right)U$$

$$\therefore \frac{1}{R}=\frac{1}{U}=\frac{1}{R_1}+\frac{1}{R_2}$$

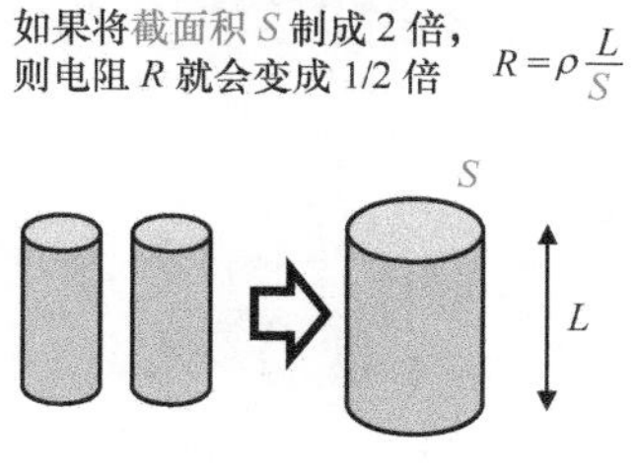

多个电阻并联

$$\frac{1}{R}=\frac{1}{R_1}+\frac{1}{R_2}+\frac{1}{R_3}+\cdots+\frac{1}{R_n}=\sum_{i=1}^{n}\frac{1}{R_i}$$

图 5-10

电源电路

可以利用电池作为电源，为外部电路提供电流和电压。干电池和蓄电池都属于化学电池，使用时必须考虑到电池的内部电阻。

电池的种类

电池是利用化学反应或物理过程将其他能量转换成为电能的装置的总称。电池的种类很多（图 5-11），产生电能的化学电池的干电池称为一次电池；储存电能的蓄电池称为二次电池；利用化学能的电池还有氢燃料电池；通过物理过程产生电能的电池有太阳能电池和热电池；利用半导体元件把光能和热能转换成电能。

电动势和内部电阻

电池本身的电压 E(V) 称为电动势，假设电池正负极之间的电压（两端间的电压）为 U(V)，在没有电流时 $U=E$，一般情况下为 $U<E$。可以认为在电池内部有电阻 r(Ω)（图 5-12），当电流 I(A) 流过时就会在内部电阻上产生 rI(V) 的电压降，这时电池的端电压为

$$U=E-rI \tag{5-15}$$

在内部电阻为零的理想电源中，当外部电阻为零时，将会出现巨大的电流，但实际上，由于内部电阻的作用，E/r(A) 是可能出现的最大电流值。

不仅是电池，普通的稳压电源也要考虑同样的等效电路。如图 5-12

MEMO 提示　将铜板（+）和锌板（−）插入柠檬的果实，就可以制作水果电池。和伏打电池一样，二者都属于利用酸性电解液的化学电池。

所示，当电源是恒压源时，其等效电路可以理解为电压源和很小的内部电阻（输出阻抗）串联。当电源是恒流源时，可以理解为在电流源上并联了很大的输出阻抗。

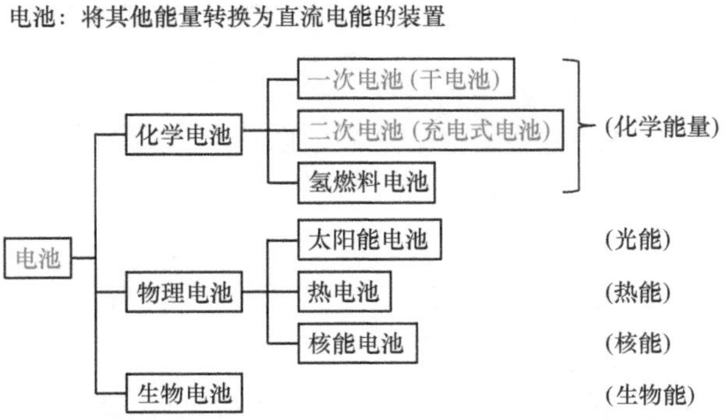

图　5-11

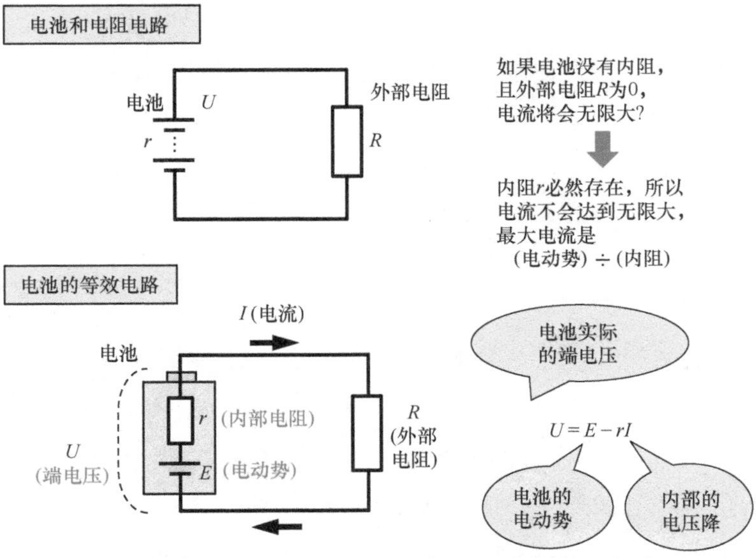

图　5-12

基尔霍夫定律

在计算包含多个电阻和电源的复杂电路（电路网络）时，可以使用基尔霍夫定律，该定律是广义化的电荷守恒定律和欧姆定律。

第一定律（电流定律）

电流就是电荷的流动，电荷守恒定律始终成立，因此可以得出关于电流的流入流出的定律：“在电路网络中任意节点流进的电流之和等于流出的电流之和”，这就是基尔霍夫第一定律，也叫作基尔霍夫电流定律（图 5-13）。设流入的电流为正（或负），流出的电流为负（或正），就可以写出下式：

$$\sum_i I_i = 0 \tag{5-16}$$

第二定律（电压定律）

对于电路网络中的任何闭合回路，可以计算出第 i 个端子之间的电位差 U_i，包括电池的电动势 E_i 和基于欧姆定律的电压降 R_iI_i。因此，可以得到“沿着电路网络中的任意闭合路径绕一圈时，电动势的总和等于电压降的总和”。这就是基尔霍夫第二定律，也叫作基尔霍夫电压定律（图 5-14）。将闭环中顺时针方向的电压定义为正，逆时针方向的电压定义为负，可以写成以下公式：

$$\sum_i U_i = 0 \tag{5-17}$$

MEMO 提示　这是由俄罗斯物理学家古斯塔夫·基尔霍夫（1824—1887 年）在 1845 年发现的定律。

这里的电路是假设的直流电路，图中的 R 为电阻。但是在交流电路中应用基尔霍夫定律时，除了纯电阻之外，电感、电容都可以利用复数扩展为阻抗的形式（电压与电流的比）。

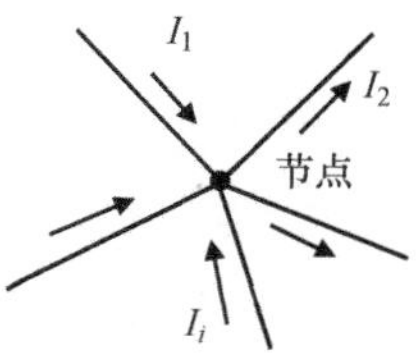

设流入或流出某节点的第 i 个电流为 I_i，则电流流入和流出之和为零

可设流入电流为正（或负），流出电流为负（或正）

$$\sum_i I_i = 0$$

基尔霍夫电流定律相当于电荷守恒定律

图 5-13

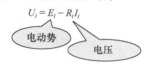

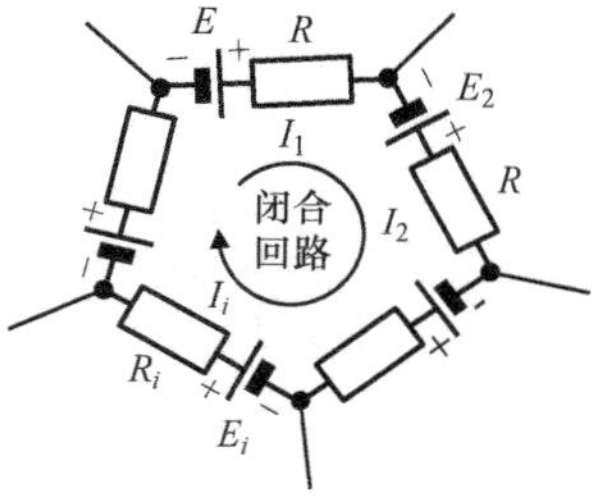

第 i 个节点间的电压 U_i 为

$$U_i = E_i - R_i I_i$$

电动势

电压

在任意一圈闭合的回路中，各电压之和等于零

可设顺时针方向的电压（电位差）为正，反时针方向为负

$$\sum_i U_i = 0$$

基尔霍夫电压定律相当于扩展的欧姆定律

图 5-14

选择测试题

答案见 96 页

测试题 5.1　正立方体的电阻是哪一个?

用每一边的电阻都为 r 的铁丝制作如图所示的正立方体，在其对角顶点间施加了电压 U。请考虑在各个边上流过的电流，并求出合成电阻。

① $(2/3)r$　② $(5/6)r$　③ r　④ $(7/6)r$

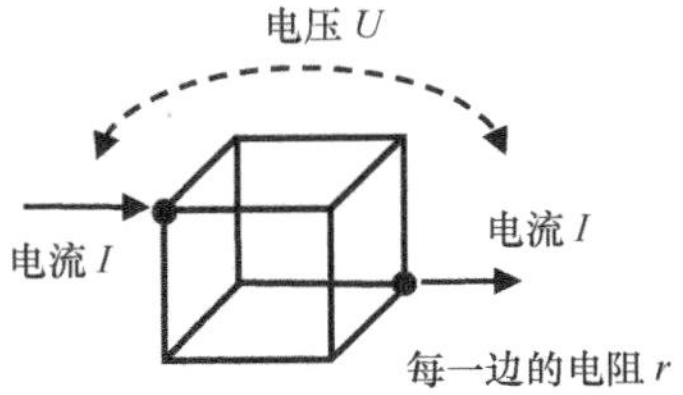

测试题 5.2　电池的串联和并联的连接，将会怎样?

把三个 1.5V 电池按如图所示的方式连接起来，如果不接外部负载，问 AB 之间的电压是多少?

① 3V

② 2.25V（3 个的一半）

③ 2V

④ 1.5V

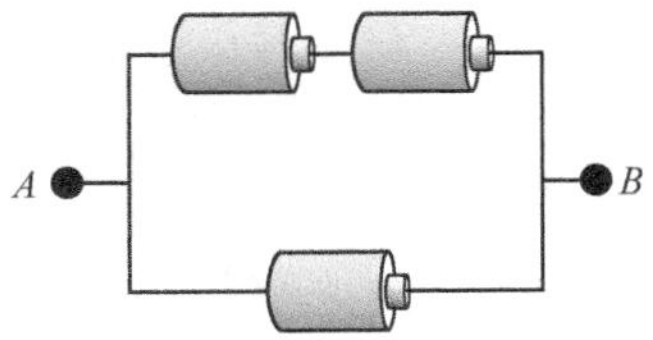

专栏5

从爱迪生电灯到 LED 电灯

1879 年，托马斯·爱迪生发明了白炽灯。最初他在棉线上涂抹煤灰，灯泡的寿命为 40h 左右。后来采用日本竹炭制成灯丝，最后改用钨丝。一般白炽灯的旋入式灯座的尺寸是 E26（直径 26mm），这个 E 是爱迪生的首字母。现在，白炽灯已逐渐被 LED（发光二极管）灯具取代。LED 优点很多，除减少耗电量之外，还能减少紫外线和红外线的放射，对食品和美术品有很好的安全性；可以选择暖色、中间色、冷色等不同色调；还能减少发热量，降低空调机的装机功率。

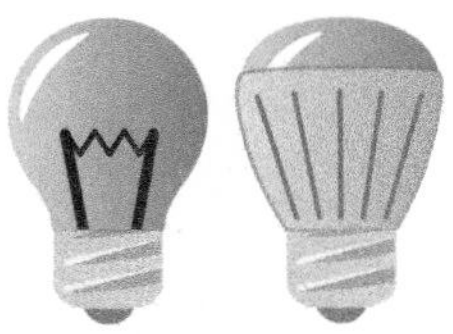

综合测试题

问题对应于各节的总结/答案见 96 页

5-1 电流 I(A) 和电荷 Q(C) 的关系式是[ ]。截面积为 S (m^2)、长度为 L(m) 的电阻 R(Ω) 的物质的电阻率是以[(单位)]定义的。

5-2 电压 U(V)、电流 I(A) 以及电阻 R(Ω) 的关系式可以用欧姆定律[ ]来表达，微观上可以通过施加在一个[ ]上的[ ]力和电子移动时与[ ]成正比的[ ]力的平衡推导出来。

5-3 当电流 I(A) 在电压 U(V) 作用下流过时，功率 P 为[(单位)]。电流 I(A) 流过电阻 R(Ω) 时电功率是[(单位)]，经过时间 t(min) 的电功（电能）是[(单位)]。这个能量会变成热，这个热叫作[ ]。

5-4 如果把电路比喻成水路，水泵相当于[ ]，水流的阻力对应于[ ]。电阻有温度依赖性，例如当温度上升 25℃，铜的电阻大约增加[ ]%。

5-5 两个电阻 R_1、R_2 串联时的合成电阻是[ ]，并联时的合成电阻是[ ]。

5-6 电池的开路电压 E(V) 称为[ ]，电流 I(A) 流过内部电阻为 r(Ω) 的电源时，电池的端电压是[ ]。

5-7 基尔霍夫的电流定律对应于[ ]定律，基尔霍夫的电压定律相当于[ ]定律的扩展。

第5章

测试题答案

答案 5.1 ②

【解释】设总电流为 I，根据对称性，流过每条边的电流如图所示，首先分成 $I/3$，接着再分成两份为 $I/6$，然后汇集成 $I/3$ 并返回到 I。所以，根据基尔霍夫定律，沿着一个回路，将三处电压降累加，则有 $U=(I/3)r+(I/6)r+(I/3)r=(5/6)Ir$。因此，总电阻为（5/6）$r$。

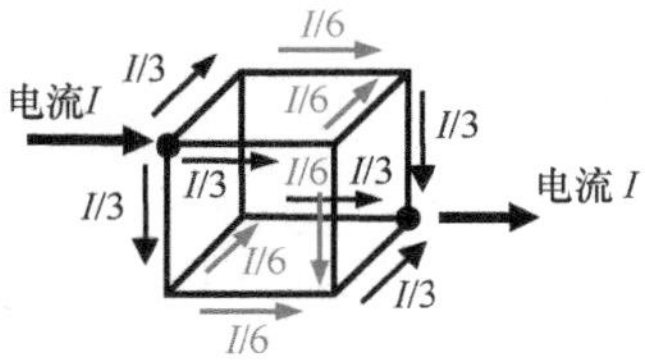

答案 5.2 ③

【解释】电池的端电压 U 取决于电动势 E 和内阻 r，上面支路中，电动势为 $2E$、电阻为 $2r$，下面支路中，电动势为 E、电阻为 r。因为没有连接外部电阻，所以只考虑内部电流 I。顺时针沿着封闭回路计算的电压之和为零：$2E-2rI-E-rI=0$，因此 $I=E/(3r)$。AB 之间的上面支路：$U=2E-2rI=4E/3=2(\mathrm{V})$，下面支路：$U=E+rI=4E/3=2(\mathrm{V})$。

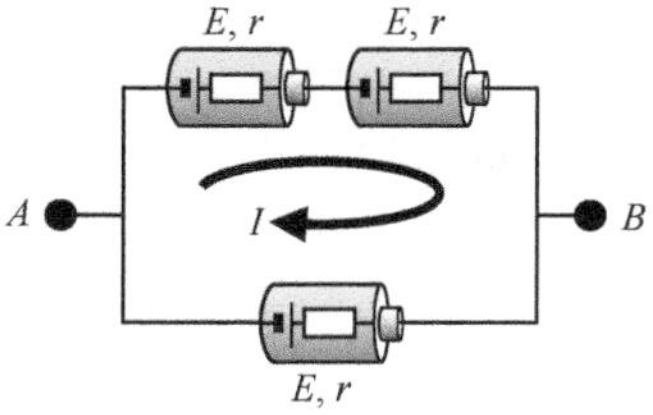

【注意】这样连接会引起电池内部电力的消耗，所以不要采用这种连接方式。

综合测试题答案（满分 20 分，目标 14 分以上）

（5-1）$I=\mathrm{d}Q/\mathrm{d}t$，$RS/L(\Omega\cdot\mathrm{m})$

（5-2）$U=RI$，自由电子，电场（力），速度，阻（力）

（5-3）$UI(\mathrm{W})$，$RI^2(\mathrm{W})$，$60tRI^2(\mathrm{J})$，焦耳热

（5-4）电压电源，电阻，10

（5-5）R_1+R_2，$R_1R_2/(R_1+R_2)$

（5-6）电动势，$E-rI$

（5-7）电荷守恒，欧姆

第 6 章

<电流・静磁场篇>

电流和磁场

电荷的移动形成电流，电流的周围产生磁场。第 6 章将论述电流和磁场的基本定律——安培环路定理，并解释磁场对导线和带电粒子产生的作用力。此外，本章还涉及常用的毕奥-萨伐尔定律和关于磁场的高斯定理。

电流产生的磁场

磁铁和带电体之间是否存在着作用力，历史上对此进行了各种各样的实验，由此发现了电荷的运动会产生磁场。

奥斯特实验

静止的电荷和磁铁相互之间没有作用力，但是，当电荷运动时，两者之间会出现作用力。1820 年奥斯特（丹麦）发现，当有电流通过时，指向北方的磁针向东或向西方向偏转（图 6-1），这说明电流能够产生磁场。电流的磁效应实验促成了统一的电场和磁场的学说。

直线电流形成的磁场

同样在 1820 年，法国科学家安培进一步明确了电流和磁场的关系。当电流流过时产生磁场，磁场的方向符合右手螺旋法则（图 6-2）。电流周围的磁场强度 H 和磁通密度 B 均与电流的距离成反比（变弱）。对于无限长的直线线圈，电流 I(A) 在距离为 r(m) 处的磁场强度 H(A/m) 和磁通密度 B(T) 分别为

$$H=\frac{I}{2\pi r},\quad B=\frac{\mu_0 I}{2\pi r} \tag{6-1}$$

式中，磁场强度 H 的单位为安培每米（A/m），磁通密度 B 的单位为特斯拉（T）或韦伯每平方米（Wb/m^2）。真空的磁导率 $\mu_0=4\pi\times10^{-7}$(T · m/A)，是人为定义的电流单位安培（A）时的常数。在真空

MEMO 提示　一般情况下，H 和 B 都用作表示“磁场”或“磁场的强弱”，其中 H 表示磁场强度（场的强度），B 表示磁通量的密度，也叫磁感应强度。

中，$B=\mu_0H$。

描述磁场（强弱）的物理量通常是指磁通密度 B（也叫作磁感应强度）。而与电场相关的电场强度 E 和电通量密度 D 相比，在磁场方面定义了与磁荷相关的磁场强度 H 和与电荷流（电流）相关的磁通密度 B。在考虑真空（或空气）中的电磁场时，一般使用 E 和 B（参照 7-4 节）。

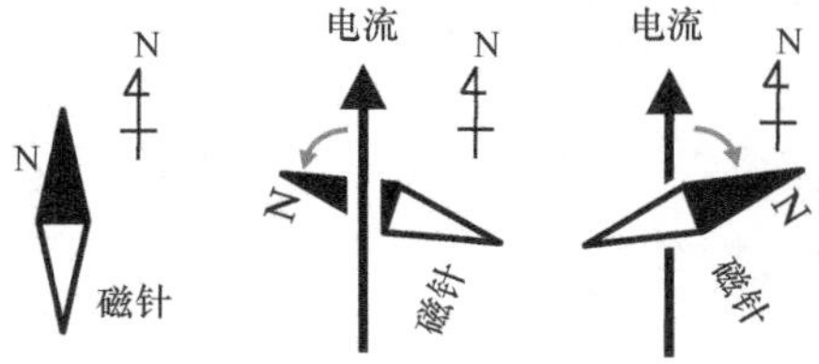

实验证明，原本指向北方的磁针，当电流在磁针上方通过时，磁针向西方偏转；当电流在磁针下方通过时，磁针向东方偏转

图 6-1

电流 I(A) 沿着右螺旋方向产生磁场，在半径 r(m) 处的磁场强度 H 和磁通密度 B 为

$$H(\text{A/m})=\frac{1}{2\pi}\frac{I}{r}$$

$$B(\text{T})=\frac{\mu_0}{2\pi}\frac{I}{r}$$

1A/m = 1N/Wb
$1\text{T} = 1\text{Wb/m}^2$

图 6-2

安培环路定理

安培环路定理的内容是：磁通密度 B（磁感应强度）沿着任意闭合曲线的环路线积分，与这条闭合曲线包围的电流代数和成正比。

电流形成的磁场强度

当无限长的直导线通过电流 I(A) 时，在半径为 r(m) 处会产生同心圆的右旋磁场（磁场 B 恒定）。在这种情况下，周长 $2\pi r$ 与磁通密度 B(T) 的乘积等于通过这个圆的电流 I 与磁导率 μ_0 的乘积。

$$2\pi rB=\mu_0 I \tag{6-2}$$

推广到一般情况，在闭合曲线 C 上，取微小长度 $\Delta\boldsymbol{l}$ 与该位置磁通密度 $\boldsymbol{B}$ 的乘积（向量的内积）的总和，等于穿过闭合曲线 C 包围的任何曲面 S 的总电流值 I 与磁导率 μ_0 的乘积

$$\sum_C \boldsymbol{B}\cdot\Delta\boldsymbol{l}=\sum_C \boldsymbol{j}\cdot\Delta\boldsymbol{S}=\mu_0 I \tag{6-3}$$

其中，$\boldsymbol{j}$ 是电流密度；$\Delta\boldsymbol{S}$ 是 S 的面元（向量的方向是该面元的法线方向）。式（6-3）可以利用环路积分写成

$$\oint_C \boldsymbol{B}\cdot \mathrm{d}\boldsymbol{l}=\int_S \boldsymbol{j}\cdot \mathrm{d}\boldsymbol{S}=\mu_0 I \tag{6-4}$$

这个关系式就是安培环路定理。

该定理适用于任何形状的线圈，并可以用穿过任何闭合曲线 C 的电流总和 I 来计算（图 6-3）。由于电流没有改变，因此包围着电流的闭合曲线 C 为边界的任何曲面，计算出的总电流值都相同。磁场的方

MEMO 提示　安培（法国，1775—1836 年）环路定理得到的磁场方向是采用右手握导线定则或右旋螺纹法则确定的。

向可以通过磁场的右手定则或右旋螺纹法则得到（图 6-4）。

在半径 r(m）之处，无限长直线电流 I(A）所产生的磁通密度 B(T）和磁场强度 H(A/m）已在式（6-1）中描述，但也可以利用安培环路定理的式（6-2）简单地推导出来。使用具体数值的计算公式见图 6-3 下方。

安培环路定理

沿围绕电流的任意环路的每个点的磁通密度相加之和，与电流值成正比。

$$\oint_C \boldsymbol{B}\cdot \mathrm{d}\boldsymbol{l} = \int_S \boldsymbol{j}\cdot \mathrm{d}\boldsymbol{S} = \mu_0 I$$

磁通密度 $\boldsymbol{B}$ 在线元 $\mathrm{d}\boldsymbol{l}$ 上的投影分量

电流密度 $\boldsymbol{j}$ 在面元 $\mathrm{d}\boldsymbol{S}$ 法线上的投影分量

C：闭合曲线
S：闭合曲线C围成的曲面
$\mathrm{d}\boldsymbol{l}$：曲线C的线元向量(m)
$\mathrm{d}\boldsymbol{S}$：曲面S的面元向量(m^2)
$\boldsymbol{B}$：磁通密度向量(Wb/m^2或T)
$\boldsymbol{j}$：电流密度向量(A/m^2)
I：贯穿曲面S的总电流(A)
μ_0：真空磁导率(H/m)

具体计算公式

磁通密度 $B(\mathrm{T}) = \dfrac{\mu_0}{2\pi}\dfrac{I}{r} = 2\times10^{-7}\dfrac{I(\mathrm{A})}{r(\mathrm{m})}$

磁场强度 $H(\mathrm{A/m}) = \dfrac{1}{2\pi}\dfrac{I}{r} = 0.159\dfrac{I(\mathrm{A})}{r(\mathrm{m})}$

图 6-3

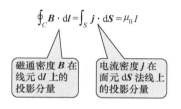

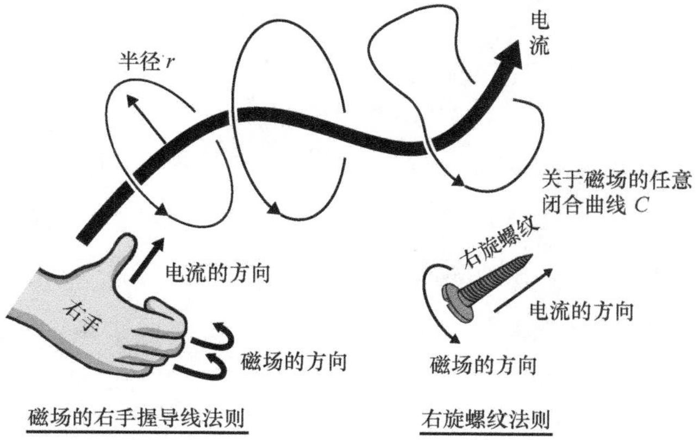

图 6-4

磁场对电流的作用力

磁场中的载流导体受到磁场的作用力，这个电磁力又称为安培力。这个力的大小与磁通密度和电流的乘积成正比，力的方向既与磁通方向垂直，也与电流方向垂直，可以用左手定则判断力的方向。

磁场对电流的作用力

恒定磁场中流过电流的导线受到磁场的作用而产生电磁力。这个力的大小 F(N) 既与磁通密度 B(T) 和电流大小 I(A) 的乘积成正比，也与磁场中导体的长度 L(m) 成正比（图 6-5a)。当电流与磁场呈垂直方向时，有

$$F=IBL \quad (\mathrm{N}) \tag{6-5}$$

如图 6-5b 所示，当电流与磁场之间的夹角为 θ 时，作用于导体的力 F(N) 为

$$F=IBL\sin\theta \quad (\mathrm{N}) \tag{6-6}$$

更一般的情况，可以写成向量外积的形式

$$\boldsymbol{F}=(\boldsymbol{IL})\times\boldsymbol{B} \quad (\mathrm{N}) \tag{6-7}$$

左手定则是用来判断磁场中载流导体所受电磁力 F（安培力）的方向。伸开左手，使拇指与其余四指垂直，并且都与手掌在同一平面内。磁力线从掌心进入，四指指向电流方向，这时拇指所指的方向就是载流导体在磁场中所受的安培力的方向（图 6-6a)。日本的教材还采用弗莱明左手定则和右手手掌的方法判断安培力的方向（图 6-6b)。[⊖]

MEMO 提示　两条平行放置的载流导线会像磁铁一样互相吸引（或排斥）。两条无限长导体之间的作用力用于定义电流的单位安培（A)(见 1-7 节)。

⊖ 根据国内教材，这段话有所改写，更加适合国内读者习惯。——译者注

▶▶ 磁力线的磁压力

也可以这样理解电磁力：这种力是由均匀磁场与电流产生的同心圆磁场相互合成的，使得下方的磁力线变密，磁压变大而产生向上的推力（图 6-7）。磁力线如同橡皮筋一样，在长度方向上有收缩的张力，同时在垂直方向上有推挤的压力。这是一个与磁通密度 B（磁感应强度）的二次方成正比的力。

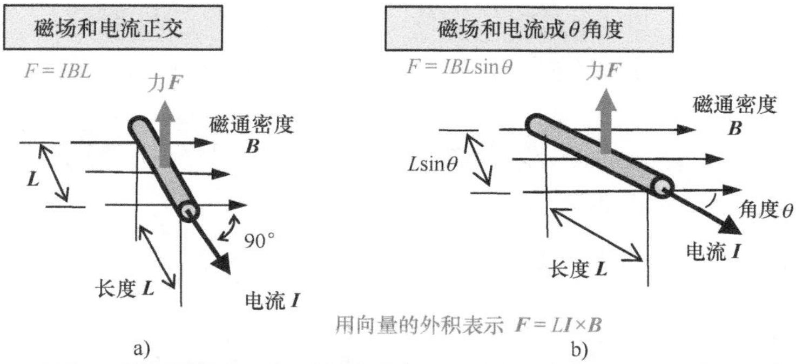

图 6-5

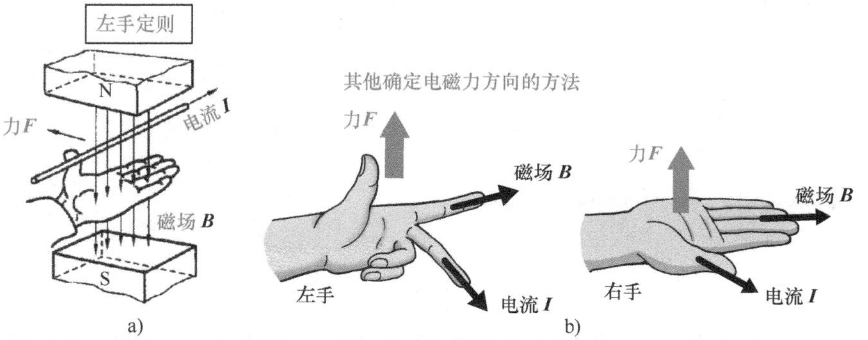

图 6-6

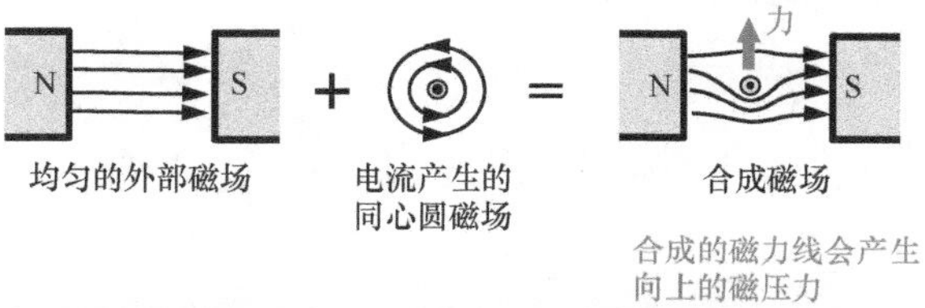

图 6-7

第6章

电场和磁场中的带电粒子

静电力能够使带电粒子加速或减速，而静磁场力却不能使带电粒子从磁场中获得能量。

电场引起的加速运动

带有电荷量 q(C) 的带电粒子在场强为 $\boldsymbol{E}$(V/m) 的电场中受到的力 $\boldsymbol{F}$(N) 为

$$\boldsymbol{F}=q\boldsymbol{E} \tag{6-8}$$

这也是电场强度 $\boldsymbol{E}$ 的定义（图 6-8）。假设带电粒子的质量为 m_q(kg)，在均匀的电场中，始终以 $\alpha(\mathrm{m/s^2})=qE/m_q$ 的加速度为粒子加速，当移动距离为 d(m) 时，最终得到的能量为 $W_f(\mathrm{J})=qEd$。如果带电粒子的初速度为零，末速度为 v_f，则由 $(1/2)mv_f^2=W_f$ 可以得到 $v_f=(2qEd/m_q)^{1/2}$，由 $at_f=v_f$ 可以得到到达时间 t_f(s) 为 $(2m_q d/qE)^{1/2}$。

磁场引起的圆周运动

在磁场中，只有带电粒子在运动时才会受到力。磁场力始终垂直于带电粒子的速度，不会因静磁场而加速或减速。与电场中的运动不同，带电粒子的能量没有增减。

分析带电粒子的运动时，可将速度分为平行于磁场的分量和垂直于磁场的分量。在均匀磁场中，磁场方向上不产生作用力，带电粒子

MEMO 提示　洛伦兹力或洛伦兹收缩（见 11-6 节）是以荷兰理论物理学家亨德里克・洛伦兹（1853—1928 年）的名字命名的。

在磁场方向上做匀速直线运动。设垂直于磁场 B 的速度分量是 $v_\perp$，那么既垂直于磁场又垂直于速度的力 $qv_\perp B$ 将作为向心力作用于粒子，使带电粒子产生圆周运动（回转运动），回转半径为 $m_q v_\perp / (qB)$。电子和阳离子的回转方向相反，通常电子的回转半径较小，阳离子的回转半径较大。磁力 $F(\mathrm{N})$ 的向量形式为

$$F = qv \times B \tag{6-9}$$

带电粒子在磁场中受到的力称为洛伦兹力，是电场 E 与磁场 B 共同作用的结果（图 6-9）。

$$F = q(E + v \times B) \tag{6-10}$$

电场 E

电荷 $q > 0$ ● ⇒ F

电场对带电粒子的作用力
$$F = qE$$

F ⇐ ● 电荷 $q < 0$

图　6-8

$v_\parallel$

$v_\parallel$ 粒子轨道

电荷 q　磁场 B

把带电粒子的速度分解为
$$v = v_\parallel + v_\perp$$

$v_\perp$

粒子轨道

$v_\perp$ F

电荷 q　磁场 B

考虑垂直于磁场的分量 $v_\perp$ 的情况，
产生与 v 和 B 都垂直的力，
$$F = qv_\perp B$$

表示为向量形式
$$F = qv \times B$$

F

B

离子的圆形轨道　电子的圆形轨道

洛伦兹力

包含电场和磁场的力
$$F = q(E + v \times B)$$

注：在某些情况下，只把 $qv \times B$ 这一项称为洛伦兹力。

图　6-9

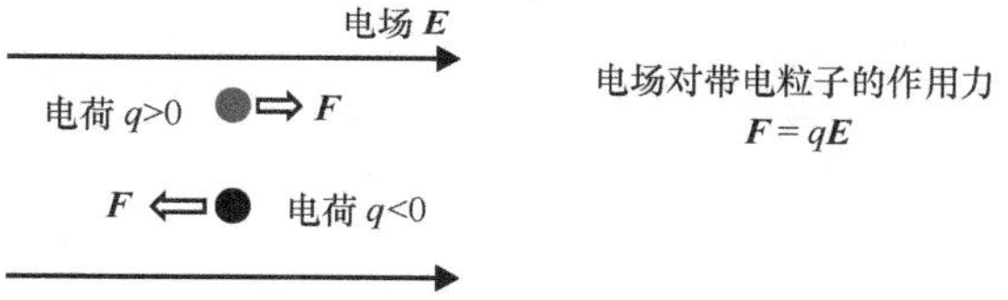

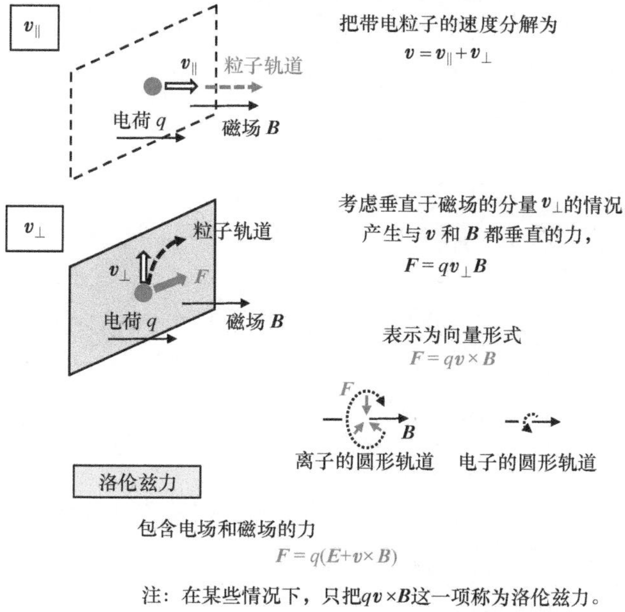

导线形状和磁场结构

作为电流产生磁场的典型例子，有直线电流和圆电流产生的磁场。本节将对匝数很多的螺线管线圈和环形线圈的磁场进行说明。

直线电流和圆电流

根据安培环路定理，对于无限长的直线电流 I(A)（图 6-10a），可以得到半径 r(m) 处的磁通密度 B(T)，如下：

$$B=\frac{\mu_0 I}{2\pi r} \tag{6-11}$$

单圈圆形线圈的电流产生的磁场，其大小和方向因位置而异，非常复杂。根据下一节将讲述的毕奥-萨伐尔定律，当电流强度为 I(A) 时，半径为 a(m) 的圆形线圈中心处（图 6-10b）的磁通密度 B(T) 为

$$B=\frac{\mu_0 I}{2a}=2\pi\times10^{-7}\frac{I(\mathrm{A})}{a(\mathrm{m})} \tag{6-12}$$

螺线管和环形线圈

对于空心的长螺线管线圈（单层线圈）（图 6-11a），若每 1m 长度的圈数为 n（匝/m），电流为 I(A)，线圈内部磁通密度 B(T) 均匀，则应用安培环路定理可以得到

$$B=\mu_0 nI \tag{6-13}$$

螺线管内部磁场的方向可以用右手握线圈的法则确定。

另外，有半径为 a 的圆形线圈，把 N 个圆圈均匀紧密排列，并以

MEMO 提示　超导环形磁场线圈用于磁场核聚变和超导电力储存装置（SMES）。

大半径 R_0 绕成圆环状（图 6-11b），这种线圈称为环形磁场线圈。如果这个线圈流过电流 I，则在半径为 $R=R_0+\Delta(-a<\Delta<a)$ 的线圈内部，水平方向上的磁通密度 B 为

$$B=\frac{\mu_0 I}{2\pi R} \tag{6-14}$$

线圈外部（$R<R_0-a$，$R>R_0+a$）的磁通密度 B 为零。

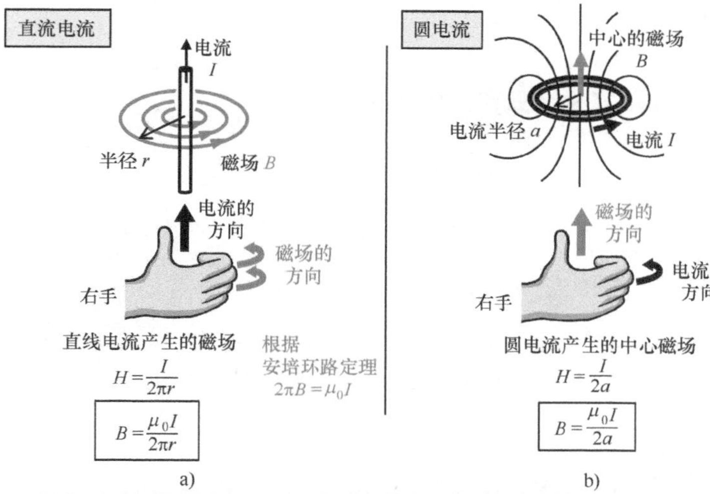

图 6-10

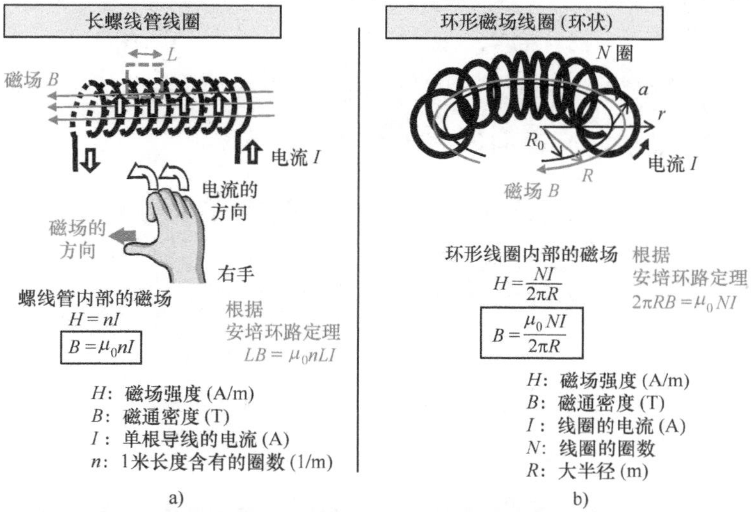

图 6-11

毕奥 · 萨伐尔定律

与使用环路线积分的安培环路定理不同，毕奥 · 萨伐尔定律可以求得由电流元产生的磁场分量。

由电流线元产生的磁场

与直线线圈和圆形线圈不同，对于任何形状的线圈，只要知道线圈的微小部分的贡献，通过叠加原理，就可以计算出由电流产生的磁场。

在流过电流 I(A) 的导线上取一微小长度 $\mathrm{d}l$，作为电流元 $I\mathrm{d}l$ 在距离为 r(m) 的点 P 处产生的磁场 $\mathrm{d}\boldsymbol{B}$(T)，如下（图 6-12）：

$$\mathrm{d}\boldsymbol{B}=\frac{\mu_0}{4\pi}\frac{I\mathrm{d}\boldsymbol{l}\times\boldsymbol{r}}{r^3} \quad 或者 \quad \mathrm{d}B=\frac{\mu_0}{4\pi}\frac{I\mathrm{d}l\sin\theta}{r^2} \tag{6-15}$$

这是 1820 年由法国的让 · 巴蒂斯特 · 毕奥和菲利克斯 · 萨伐尔发现的定律，称为毕奥 · 萨伐尔定律。其中×是向量的外积，θ 是 $\mathrm{d}\boldsymbol{l}$ 方向与 $\boldsymbol{r}$ 方向之间的夹角。向量 $\mathrm{d}\boldsymbol{B}$ 的方向垂直于由点 P 和 $I\mathrm{d}\boldsymbol{l}$ 确定的平面，其方向可根据电流方向的右手螺旋法则确定。

毕奥 · 萨伐尔定律在环形电流中的应用

根据毕奥 · 萨伐尔定律可以推导出不同形状的电流产生的磁场（磁通密度）。例如，可以推导出半径为 a，电流为 I 的圆形线圈，在中心轴上高度为 z 的点 P 处的磁通密度 B 的公式（图 6-13）。

MEMO 提示　*磁场的毕奥 · 萨伐尔定律对应于电场的库仑定律，同方向电流元 $I_1\mathrm{d}l_1$ 和 $I_2\mathrm{d}l_2$ 之间的静电力为 $\mathrm{d}F=-(\mu_0/4\pi)I_1I_2\mathrm{d}l_1\mathrm{d}l_2/r^2$。*

$$B = \frac{\mu_0 I a^2}{2\left(a^2 + z^2\right)^{3/2}} \tag{6-16}$$

轴上的磁场只有 z 分量，通过沿线元做环路积分，则可得到 6-5 节的式（6-12）。特别是当 $z = 0$ 时，由 $\mathrm{d}B = \mu_0 I \mathrm{d}l / \left(4\pi a^2\right)$，把线元 $\mathrm{d}l$ 改变为周长 $2\pi a$，便可得到圆心处的磁场 $B = \mu_0 I / \left(2a\right)$。

毕奥·萨伐尔定律

电流元 $\mathrm{d}l$ 在点 P 处形成的磁场

$$\mathrm{d}\boldsymbol{B} = \frac{\mu_0}{4\pi}\frac{I\mathrm{d}\boldsymbol{l}\times\boldsymbol{r}}{R^3} = \frac{\mu_0}{4\pi}\frac{I\mathrm{d}l\sin\theta}{r^2}\boldsymbol{e}_{\mathrm{d}B}$$

$$\boldsymbol{e}_{\mathrm{d}B} = \frac{\mathrm{d}\boldsymbol{l}\times\boldsymbol{r}}{|\mathrm{d}\boldsymbol{l}\times\boldsymbol{r}|}$$

磁场的方向
与纸面垂直
指向纸内

图 **6-12**

电流元 $I\mathrm{d}l$ 与点 P 的距离

$$|\boldsymbol{r}| = \sqrt{a^2 + z^2}$$

根据毕奥·萨伐尔定律

$$\mathrm{d}\boldsymbol{B} = \frac{\mu_0}{4\pi}\frac{I\mathrm{d}\boldsymbol{l}\times\boldsymbol{r}}{R^3}$$

$\mathrm{d}B$ 在 z 方向的分量为

$$\mathrm{d}B_z = \mathrm{d}B\sin\varphi = \frac{\mu_0 I a}{4\pi r^3}\mathrm{d}l$$

由问题的对称性可知，轴上的磁场只有 z 方向的分量

$$B = \oint \mathrm{d}B_z = \frac{\mu_0 I a}{4\pi r^3}\int_0^{2\pi a}\mathrm{d}l$$

$$= \frac{\mu_0 I a^2}{2r^3} = \frac{\mu_0 I a^2}{2(a^2 + z^2)^{3/2}}$$

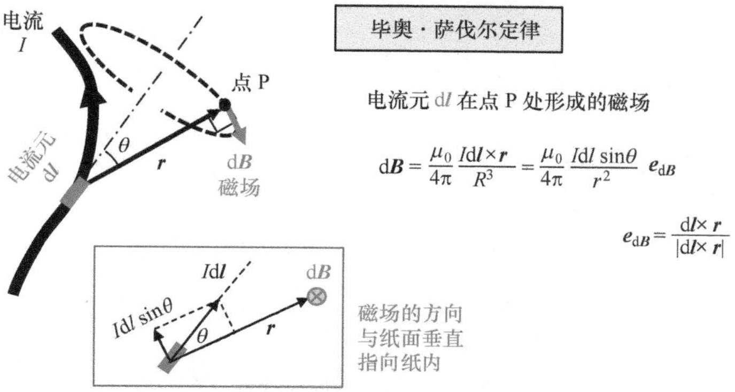

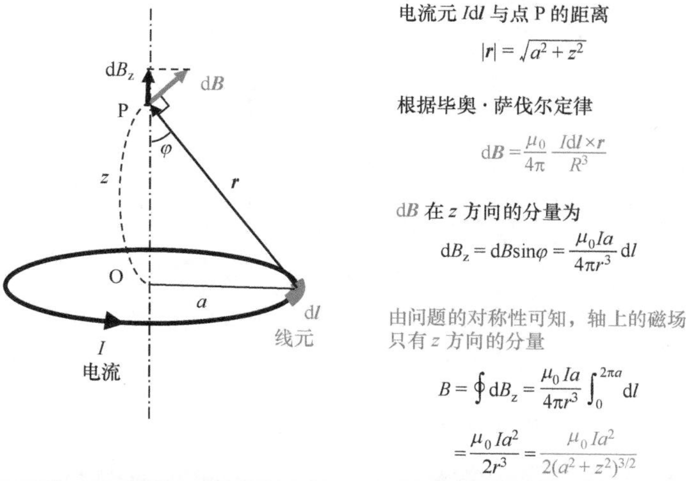

图 **6-13**

磁场的高斯定理

电流周围的磁场会形成封闭的涡旋形磁力线。磁通本身既不会流出也不会吸入，这就是关于磁场的高斯定理。

积分型

在电场中，从电荷 Q(C) 中发出的电通量不变。作为电场的高斯定理，在闭合曲面 $\boldsymbol{S}$ 上对电通量密度 $\boldsymbol{D}(=\varepsilon\boldsymbol{E})$(C/m^2) 进行曲面积分，得到$\oint_S \boldsymbol{D}\cdot \mathrm{d}\boldsymbol{S}=Q$。磁场与电场相似，磁通密度 $\boldsymbol{B}$(Wb/m^2) 对应于电通量密度 $\boldsymbol{D}$，磁荷 Q_{m}(Wb) 对应于电荷 Q，可以得到类似电场的高斯定理（图 6-14）。但是，与电荷不同，磁荷并不存在，因此结果是

$$\oint_S \boldsymbol{B}\cdot \mathrm{d}\boldsymbol{S}=0 \qquad (6\text{-}17)$$

这就是磁场高斯定理的表达式。该公式表明，任何区域表面 $\boldsymbol{S}$ 进出的磁通总量始终为 0，不存在磁通线的流出口和吸入口，磁通线一定是闭合的曲线。这就是磁通守恒定律。

微分形

数学中的高斯散度定理是“向量场 $\boldsymbol{B}$ 在闭合曲面 $\boldsymbol{S}$ 包围的区域 V 处散度的体积积分，等于向量场 $\boldsymbol{B}$ 在闭合曲面 $\boldsymbol{S}$ 上的面积分”。

$$\int_V \nabla\cdot \boldsymbol{B}\mathrm{d}V=\oint_S \boldsymbol{B}\cdot \mathrm{d}\boldsymbol{S} \qquad (6\text{-}18)$$

MEMO 提示　一般来说，在演绎性的数学中使用“公理”→“定理”的词语，而在归纳性的物理学中使用“法则”→“定律”的词语。

运用此式，从积分形式的式（6-17）可以得到它的微分形式。对于磁场向量 **B**，根据磁场的高斯定律，式（6-17）的右边为零，对于任意微小体积，式（6-18）的左边等于零，因此得到以下的微分形式：

$$\nabla \cdot \boldsymbol{B} = 0 \qquad\qquad (6\text{-}19)$$

此式在均匀场和回转涡旋场中成立（图 6-15），但是在发散场（有流出的场）中不成立。

电通量　　　　　　　　　　　　　　磁通量

$$\oint_S \boldsymbol{D} \cdot \mathrm{d}\boldsymbol{S} = Q \qquad\qquad \oint_S \boldsymbol{B} \cdot \mathrm{d}\boldsymbol{S} = Q_\mathrm{m} = 0$$

磁通线 **B**

磁通守恒定律

进出闭合曲面 **S** 上的磁通线总和为零

闭曲面 **S**
体积 V

图　6-14

利用高斯散度定理

$$\int_V \nabla \cdot \boldsymbol{B}\mathrm{d}V = \oint_S \boldsymbol{B} \cdot \mathrm{d}\boldsymbol{S} = 0$$

对于任意体积V都是成立的，因此

$$\nabla \cdot \boldsymbol{B} = 0$$

向量场 **A** 的示意图

$\nabla \cdot \boldsymbol{A} = 0$	$\nabla \cdot \boldsymbol{A} \neq 0$	$\nabla \cdot \boldsymbol{A} = 0$	用闭合曲面积分评估（散度定理）
$\nabla \times \boldsymbol{A} = 0$	$\nabla \times \boldsymbol{A} = 0$	$\nabla \times \boldsymbol{A} \neq 0$	用环路线积分评估（旋度定理）
均匀	流出	回转涡旋	

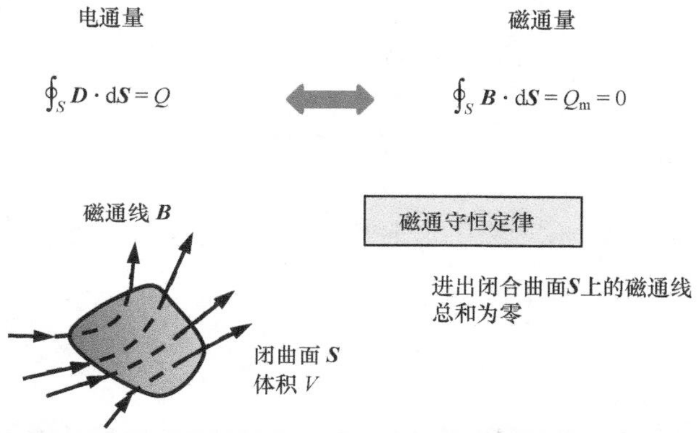

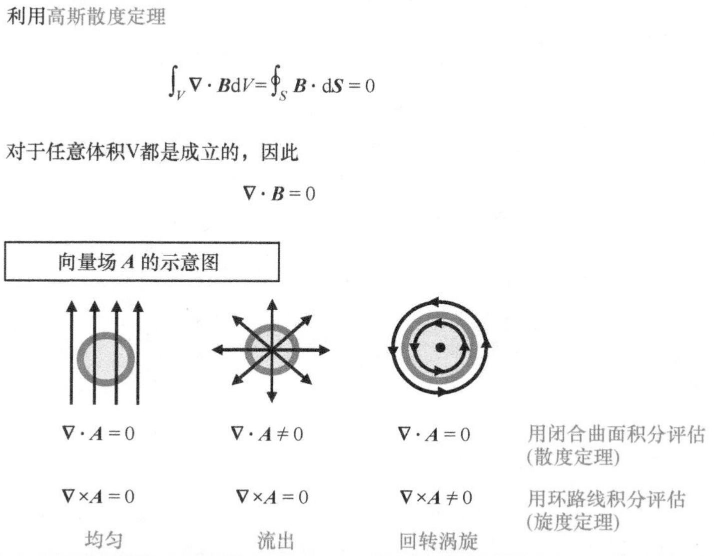

图　6-15

选择测试题

答案见 114 页

测试题 6.1　半直线和半圆线圈的磁通密度是多少?

如图所示，由两个无限长半直线加上半径为 R 的半圆组成的电路中流过电流 I。在半圆中心 O 点的磁通密度 B 是多少?

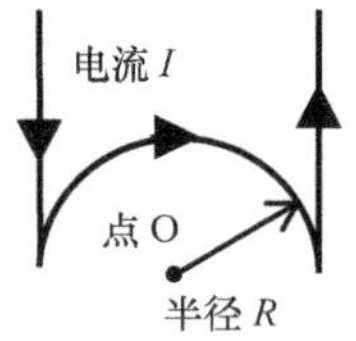

① $\frac{\mu_0 I}{4R}(2+1/\pi)$　　② $\frac{\mu_0 I}{4R}(2-1/\pi)$

③ $\frac{\mu_0 I}{4R}(1+2/\pi)$　　④ $\frac{\mu_0 I}{4R}(1-2/\pi)$

测试题 6.2　给磁场中的带电粒子加上电场后，轨道会怎样改变?

在匀强磁场（z 方向）中，有一个带电粒子做高速回旋运动（圆周运动）。如果在垂直于磁场的方向（y 方向）加上一个电场，问带电粒子的运动会变成什么样?

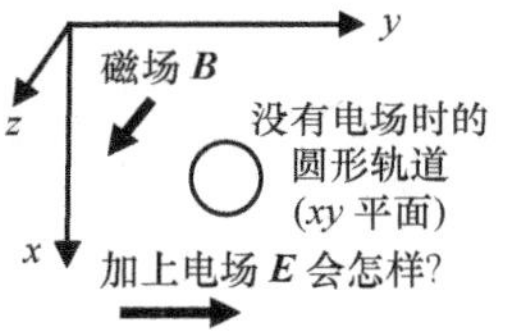

① 阳离子沿电场方向（y 方向）运动，电子沿 $-y$ 方向运动

② 阳离子和电子都沿电场方向（y 方向）运动

专栏6

超导电磁铁在医疗领域大显身手

1911 年，荷兰物理学家卡末林·昂内斯在接近绝对零度时，测量汞的电阻变化，发现了超导现象。从那时起，超导技术就开始有各种各样的应用。典型例子就是超导磁体在医疗领域中的应用。有几 T 的高强磁场的磁共振成像（MRI），也有用于微弱心磁图和脑磁图的超导量子干涉仪（SQUID）。前者是采用强大的磁场去振动身体内氢原子带有的微弱磁场，形成原子状态的图像。后者是一个超灵敏的磁传感器，利用超导中的磁通量子化现象，能够检测出 10^{-15}T 这样非常微弱的磁场。

综合测试题

问题对应各节的总结/答案见 114 页

6-1 当电流 I(A) 流过无限长的直线线圈时，在距离为 r(m) 之处的磁场强度 H 为[（单位）]，磁通密度 B 为[（单位）]。

6-2 设闭合曲线 C 的切线长度向量为 d$\boldsymbol{l}$，该位置的磁通密度为 $\boldsymbol{B}$。如果被闭合曲线 C 包围的全电流为 I，那么安培环路定理可表示为[ ]。

6-3 在磁场 $\boldsymbol{B}$(T) 中，长度为 L(m) 的直线电流 $\boldsymbol{I}$(A) 所受到的力 $\boldsymbol{F}$，可用向量表示为[（单位）]。

6-4 在电场 $\boldsymbol{E}$(V/m) 和磁场 $\boldsymbol{B}$(T) 中，一个电量为 q(C) 的带电粒子以速度 $\boldsymbol{v}$(m/s) 运动，该粒子所受到的力 $\boldsymbol{F}$ 为[（单位）]，这种力称为[ ]。

6-5 如果空心长螺线管线圈每 1m 的匝数为 n（匝/m），线圈的电流为 I(A)，则线圈内部的磁通密度 B 为[（单位）]。

6-6 导线中流过电流 I(A)，取导线的微小长度向量为 d$\boldsymbol{l}$，电流元向量 Id$\boldsymbol{l}$ 在距离为 r(m) 的点 P 处产生的磁场 d$\boldsymbol{B}$ 是[（单位）]，这就是[（人名）]定律。

6-7 从任何闭合曲面 $\boldsymbol{S}$ 进出的磁通总量始终为零，设面元向外的垂直向量为 d$\boldsymbol{S}$，得到关于磁通密度 $\boldsymbol{B}$ 的磁场高斯定理的积分形式为[ ]。这里，还可以利用高斯的散度定理[ ]推导出磁场高斯定理的微分形式[ ]。

测试题答案

答案 6.1 ④

【解释】半圆部分是正常圆电流磁场 $\mu_0 I/(2R)$ 的一半，方向是从前方指向纸内。一条半直线对点 O 的贡献是无限长直线磁场 $\mu_0 I/(2\pi R)$ 的一半，方向与半圆部分的磁场相反。③④都是半圆和两条半直线形成磁场的组合，考虑到方向，答案选④。

【参考】①②是由完整的圆电流和一条无限长半直线形成的磁场组合。

答案 6.2 ②

【解释】在电场 $\boldsymbol{E}$，磁场 $\boldsymbol{B}$ 中，质量为 m，电荷量为 q，速度为 $\boldsymbol{v}$ 的带电粒子的运动方程为 $m\mathrm{d}\boldsymbol{v}/\mathrm{d}t=q\boldsymbol{v}\times\boldsymbol{B}+q\boldsymbol{E}$。用回旋运动速度 $\boldsymbol{v}_c$（无电场时的速度）与偏移速度 $\boldsymbol{v}_E$ 之和来考虑最终的速度（近似导向中心），$\boldsymbol{v}=\boldsymbol{v}_c(t)+\boldsymbol{v}_E$，则 $m\mathrm{d}\boldsymbol{v}_c/\mathrm{d}t=q\boldsymbol{v}_c\times\boldsymbol{B}$。假设 $\boldsymbol{v}_E\perp\boldsymbol{B}$，$\mathrm{d}\boldsymbol{v}_E/\mathrm{d}t=0$，则 $\boldsymbol{E}+\boldsymbol{v}_E\times\boldsymbol{B}=0$。利用向量三重积分公式 $\boldsymbol{A}\times(\boldsymbol{B}\times\boldsymbol{C})=(\boldsymbol{A}\cdot\boldsymbol{C})\boldsymbol{B}-(\boldsymbol{A}\cdot\boldsymbol{B})$，得到 $\boldsymbol{v}_E=\boldsymbol{E}\times\boldsymbol{B}/B^2$。

【参考】这是在导向中心近似的被称为“$\boldsymbol{E}\times\boldsymbol{B}$ 漂移”的横穿磁场运动，离子和电子都沿同一方向运动。在物理描绘中，在做回旋运动的带电粒子因电场引起加速或减速，在磁场和电场垂直方向发生漂移，其轨道称为“摆线轨道”。

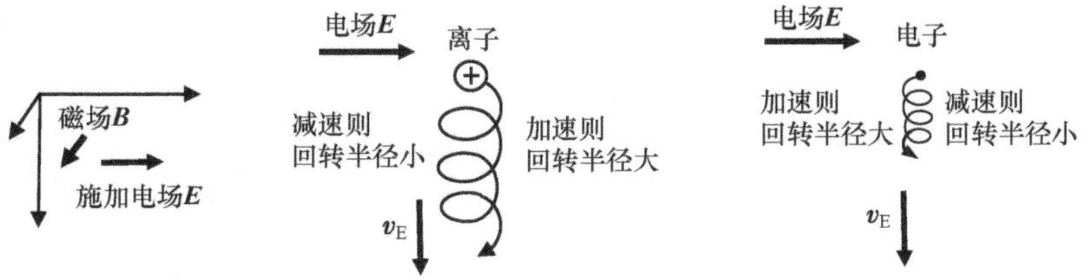

综合测试题答案（满分 20 分，目标 14 分以上）

(6-1) $I/(2\pi r)$ (A/m)，$\mu_0 I/(2\pi r)$ (T)

(6-2) $\oint_C \boldsymbol{B}\cdot\mathrm{d}\boldsymbol{l}=\mu_0 I$

(6-3) $(I\boldsymbol{L})\times\boldsymbol{B}$ (N)

(6-4) $\boldsymbol{F}=q(\boldsymbol{E}+\boldsymbol{v}\times\boldsymbol{B})$ (N)，洛伦兹力

(6-5) $\mu_0 nI$ (T)

(6-6) $(\mu_0/4\pi)(I\mathrm{d}\boldsymbol{l}\times\boldsymbol{r})/r^3$，毕奥 · 萨伐尔定律

(6-7) $\oint_S \boldsymbol{B}\cdot\mathrm{d}\boldsymbol{S}=0$，$\int_V \nabla\cdot\boldsymbol{B}\mathrm{d}V=\oint_S \boldsymbol{B}\cdot\mathrm{d}\boldsymbol{S}$，$\nabla\cdot\boldsymbol{B}=0$

第 7 章

<电流 · 静磁场篇>

磁性体

磁铁作为典型的磁性体已被广泛应用。但它是什么原理，又具有怎样的特性呢？由于历史的原因，曾经出现过基于虚拟磁荷的解释，也出现过基于微小电流元的磁场定义，并且分别建立了相对应的 *E-H* 单位制和 *E-B* 单位制。第 7 章将对磁性体的磁性极化和磁滞现象进行说明，并就这两个已经建立的单位制试做理论上的比较和总结。

磁性极化

感应现象包括静电感应和介电极化、磁性感应和磁性极化（磁化），以及电磁感应。本节将叙述静磁性的感应和极化。

静电感应与磁性感应 · 磁性极化

在磁性体中，不可能取出一个单独的 S 极或者 N 极，这与带电体有所不同。在有电场的情况下，导体中会产生静电感应，电介质中也会产生电介质极化。而当磁铁接近物体时，会在物体上产生相反磁极的现象，也就是常见的用磁铁吸引铁钉之类的现象。这是因为铁钉被磁性感应出磁极，所以会被吸引（图 7-1）。这个现象说明了在铁钉的两端产生了磁极，或者是 N 极，或者是 S 极。这种现象不会发生在导体中，只是发生在铁磁类物体中，故称之为磁性极化。

磁化和磁性体

把物体放在磁场中，物体内部零乱不齐的部分磁矩就会变得整齐一致，总体的磁矩会增大，这种现象叫作磁性极化或磁化，相当于静电场中的介电极化。利用介电极化向量 $\boldsymbol{P}$ 可将电场强度 $\boldsymbol{E}$ 和电通量密度 $\boldsymbol{D}$ 的关系表示为 $\boldsymbol{D}=\varepsilon_0\boldsymbol{E}+\boldsymbol{P}$（4-1 节）。同理，也可用磁性极化向量 $\boldsymbol{P}_{\mathrm{m}}$ 或磁化强度向量 $\boldsymbol{M}$ 将磁场强度 $\boldsymbol{H}$ 和磁通密度 $\boldsymbol{B}$ 表示为

$$\boldsymbol{B}=\mu_0\boldsymbol{H}+\boldsymbol{P}_{\mathrm{m}}=\mu_0(\boldsymbol{H}+\boldsymbol{M}) \tag{7-1}$$

磁化强度向量 $\boldsymbol{M}$(A/m) 与磁场强度向量 $\boldsymbol{H}$ 成正比，即

MEMO 提示　为了表示磁化，在 **EB** 对应中使用了电荷密度 $j_{\mathrm{m}}=\nabla\times\boldsymbol{M}$，在经典的 **EH** 对应中使用了磁荷密度 $\rho_{\mathrm{m}}=-\nabla\cdot\boldsymbol{P}_{\mathrm{m}}$（参照 7-4 节）。

$$\boldsymbol{M}=\chi_m \boldsymbol{H} \tag{7-2}$$

这个比例系数χ_m（无量纲）叫作相对磁化率或相对感磁系数。$\boldsymbol{B}$和$\boldsymbol{H}$的关系也可以利用相对磁导率μ_r写成以下形式：

$$\boldsymbol{B}=\mu_0(1+\chi_m)\boldsymbol{H}=\mu_0\mu_r\boldsymbol{H} \tag{7-3}$$

这里的边界条件（3-2节）与电场类似，磁场强度$\boldsymbol{H}$的切线分量和磁通密度$\boldsymbol{B}$的法线（垂直）分量连续。磁化后的磁条内部和外部，其磁线的分布是不同的（图7-2）。

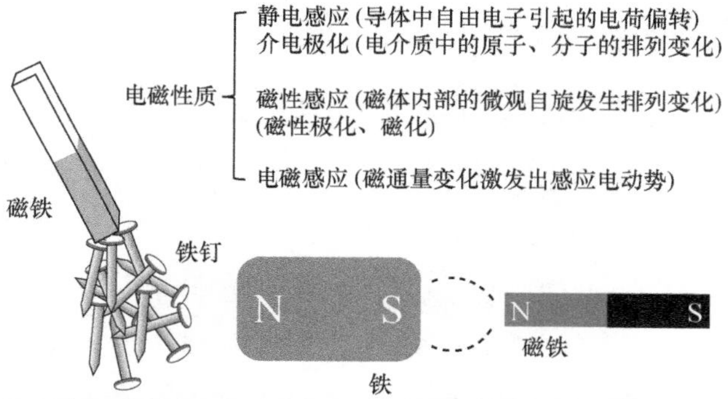

图 7-1

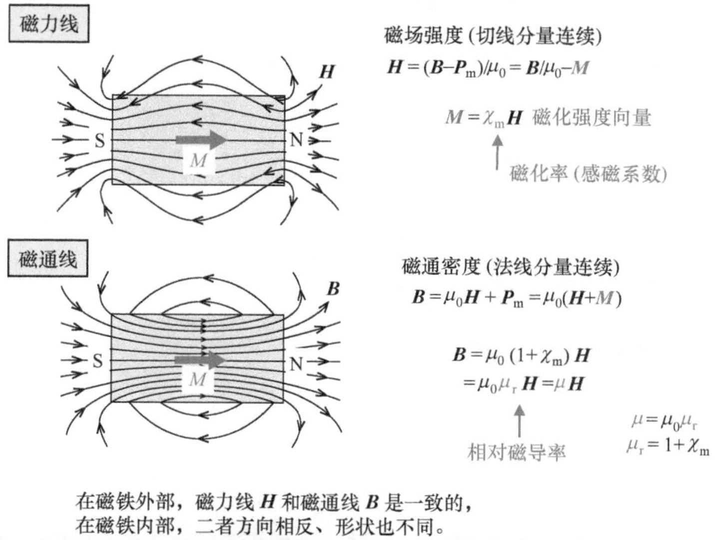

图 7-2

带电体与磁性体的比较

基于电荷的库仑定律的类似性，历史上曾考虑过基于磁荷的库仑定律。

磁铁与磁力

磁铁具有吸引铁片之类的能力称为磁力。对于可以自由转动的条形磁铁，把朝向北方的磁极称为 N 极（或正极），把朝向南方的磁极称为 S 极（或负极）。磁极与电荷的正、负不同，即使将磁铁分割，也不可能制造出只有 N 极或者只有 S 极的磁铁（图 7-3）。但是，若设磁荷或磁量为 q_{m1}、q_{m2}，则磁力 $\boldsymbol{F}$(N) 也可以仿照电场力来定义，关于磁力的库仑定律也成立（图 7-4）。

$$F = k_m \frac{q_{m1} q_{m2}}{r^2} \tag{7-4}$$

式中，磁量 q_m 的单位是韦伯（**Wb**），以 N 极的磁量为正，S 极的磁量为负。比例常数在真空中为

$$k_m = 1/(4\pi\mu_0) = 6.33\times10^4 (\mathrm{N\cdot m^2/Wb^2})$$

式中，$\mu_0 = 4\pi\times10^{-7}$(T · m/A) 是真空的磁导率。

磁力线和磁通密度

根据作用于电荷 q(C) 的静电力 $\boldsymbol{F}$(N)，可以将电场强度（eV/m）定

MEMO 提示　对于磁力的作用范围，在物理学领域主要使用“磁场”这个词汇，而在工程学领域则经常使用“磁界㊀”。

㊀ 仅在日本有这样的用法。——译者注

义为 $\boldsymbol{E}=\boldsymbol{F}/q$。同样，根据磁量 q_{m}(Wb) 和静磁力 $\boldsymbol{F}$(N)，可以定义磁场强度向量 $\boldsymbol{H}$，即

$$\boldsymbol{H}=\frac{\boldsymbol{F}}{q_{\mathrm{m}}} \tag{7-5}$$

磁力作用的空间称为磁场。磁场强度 $\boldsymbol{H}$ 的单位是牛顿每韦伯（N/Wb）或安培每米（A/m）。也可以仿照电力线的定义那样画出磁力线。

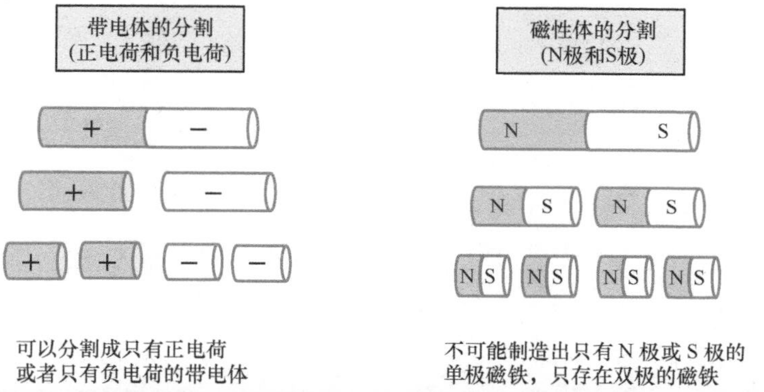

图 7-3

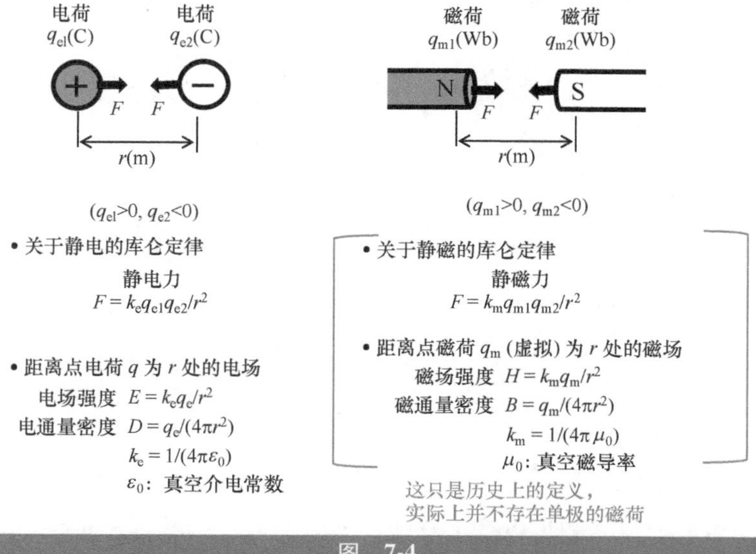

图 7-4

电路与磁路的比较

在电路中，可以将电阻放大到极端，使电流为零。但在磁路中，想要实现磁通量为零的绝缘却非常困难。

电阻与磁阻

电路的欧姆定律 $E=RI$，是电动势 E 和电流 I、电阻 R 的关系；与之相应，也有磁路的欧姆定律。根据其与电路的相似性，只要使缠绕在铁心上的 N 匝线圈中流过电流 I，在铁心内就会产生磁通 Φ。电流值乘以匝数得到的值 $F=NI$，就是产生磁通的力，称为磁动势，单位是安培匝（AT）或安培（A）。电路中的电动势 E 和电流 I，与磁路中的磁动势 F 和磁通量 Φ 对应，可将相当于电阻 R 的磁阻 R_m 通过 $F=R_m\Phi$ 来定义。R_m 的单位是安培每韦伯（A/Wb）（图 7-5）。

电阻与电阻线的长度 l 成正比，与电导率（容易通过电流的比率）σ 和截面积 S 成反比。同样地，磁阻与磁通的通道平均长度（磁路的长度）l_m 成正比，与磁导率 μ 和铁心的截面积 S_m 成反比。

磁路的间隙

在广泛应用于电气设备的电磁铁中，利用铁心和气隙的组合构成了磁路。在具有气隙的磁路中，总的磁阻是铁心的磁阻和气隙的磁阻之和，相当于电路中电阻的串联（图 7-6）。空气的磁导率与真空的磁导率 μ_0 大致相同，而典型铁心的磁导率大约是空气磁导率的几千倍，

MEMO 提示　与电路中的“电压=电阻×电流”相对应，在磁路中为“磁动势=磁阻×磁通”。

因此为了减小磁阻，缩小气隙是很重要的措施。在气隙长度很大时磁阻会增大，同时泄漏的磁场也会增加。为此，通常会在气隙部分设置磁屏蔽。

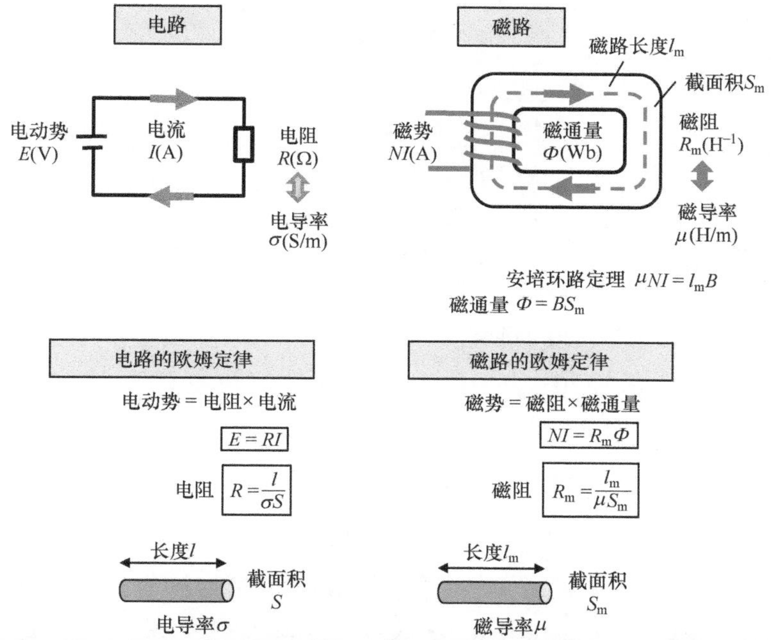

图 7-5

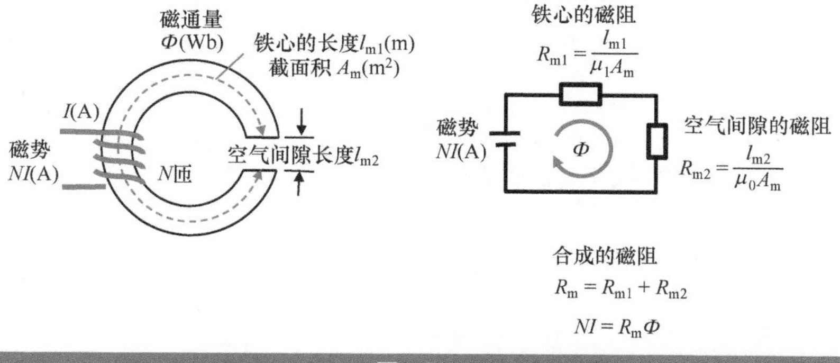

图 7-6

7-4 <电流·静磁场篇>

从 *EH* 对应到 *EB* 对应

以磁荷的库仑定律为基准，或是以通过磁场作用于电荷的洛伦兹力为基准，电磁学的单位制并不相同。

虚拟磁荷对应（*EH* 对应）

电磁学被认为很难的理由之一是单位制的复杂性。曾经使用过以 CGS 为基准的静电单位制、电磁单位制、高斯单位制等各种单位制，而现在正在使用以 MKSA 为基准的国际单位制，并且还有各种导出单位（诱导单位）。虽然基于电荷的场会自然地定义电场 $\boldsymbol{E}$，但关于磁场，却由于历史的沿革而存在两种观点。

在历史上，同电场一样，磁力 $\boldsymbol{F}$ 作用于具有磁荷 q_m（单位 Wb）的物质时，磁场强度被定义为 $\boldsymbol{H}=\boldsymbol{F}/q_m$（参照 7-2 节）。这种观点就是以磁的库仑定律作为基本公式来定义磁荷 q_m。和电通量密度的定义一样，设包围磁荷 q_m 的球体的表面积为 $\boldsymbol{S}$，以 $\boldsymbol{B}=q_m/\boldsymbol{S}$（单位 Wb/m^2）来定义磁通密度（图 7-7）。这就是以 $\boldsymbol{H}$ 为基准的 ***EH* 对应**的单位制。

电流线元对应（*EB* 对应）

另一方面，因为实际上并不存在单独的磁荷，所以磁荷的库仑定律在物理上并不成立。因为磁性物质的磁场也是由电子的自旋产生的，所以还有一种观点是将作用在电流 I 的微长度 d$\boldsymbol{l}$ 上的电磁力 $\boldsymbol{F}=I\mathrm{d}\boldsymbol{l}\times\boldsymbol{B}$ 作为基本公式来定义磁通密度 $\boldsymbol{B}$，这个电流是实体的电荷的流动。在

MEMO 提示　来自磁荷的库仑定律的单位制是 ***EH*** 对应，来自电流产生磁场并施加到微电流元上的电磁力的单位制是 ***EB*** 对应。

这里，$l\times$是向量的外积，在电流与磁场垂直的情况下是 $B=F/Idl$（单位 T），是 ***EB* 对应**的单位制（图 7-8）。这个电磁力等效于作用在运动电荷上的洛伦兹力。这种观点也关系到电流 I 的单位安培（A）的定义，即根据作用在无限长的两条直线电流上的力来定义。

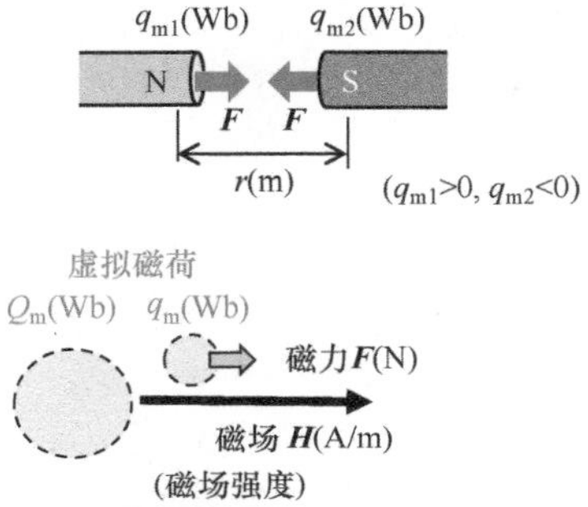

基本量：磁荷（虚拟）q_m

磁场的库仑定律

$$F=k_m\frac{q_{m1}q_{m2}}{r^2}e_r$$

磁场 H 的定义式

$$H=\frac{F}{q_m}=k_m\frac{Q_m}{r^2}e_r$$

由磁性极化 P_m 形成的物质中的磁场 B

$$B=\mu_0H+P_m$$

图 7-7

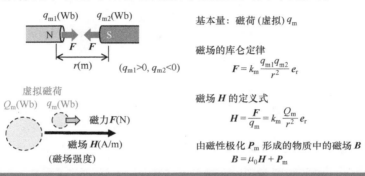

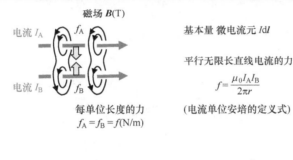

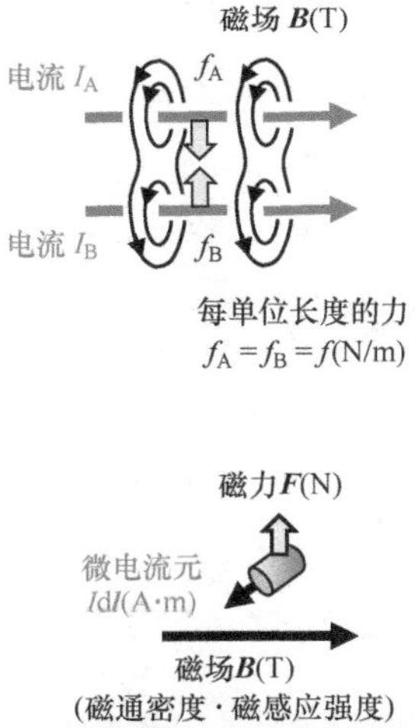

基本量 微电流元 Idl

平行无限长直线电流的力

$$f=\frac{\mu_0I_AI_B}{2\pi r}$$

（电流单位安培的定义式）

磁场 B 的定义式（6-3节）

$$F=Idl\times B$$

由磁化强度 M 形成的物质中的磁场 H

$$H=B/\mu_0-M$$

图 7-8

第7章

磁矩

对应于力学中力偶形成的转矩，这里定义了由电偶极子和磁力形成的转矩。

力矩与偶极矩

在力学中，力矩定义为施加的力和力臂长度（力的作用点与转动支点的距离）的乘积。在电场 $\boldsymbol{E}$ 中，正电荷 $+q_e$ 和负电荷 $-q_e$ 的距离为 d 并在同一根棒的两端时，电场力 $q_e\boldsymbol{E}$ 和 $-q_e\boldsymbol{E}$ 的力偶（大小相同，方向相反的力）起作用，从棒的中心看到的力矩 $\boldsymbol{N}$ 为 $q_e\boldsymbol{E}d/2$ 和 $-q_e\boldsymbol{E}d/2$，合计为 $q_e\boldsymbol{E}d$，可定义电偶极矩为 q_ed。

在磁场中，磁荷总是以偶极子出现，在磁场 $\boldsymbol{H}$ 中，正磁荷 $+q_m$ 和负磁荷 $-q_m$ 距离为 d 并处于同一根棒的两端时，磁力 $q_m\boldsymbol{H}$ 和 $-q_m\boldsymbol{H}$ 的力偶起作用，从作为支点的棒的中心看到的磁力矩的合计为 $q_md\boldsymbol{H}$，磁矩（磁能率）m_m 由 q_md 所定义（图 7-9）。可以说磁荷量 q_m 越大，距离 d 越长，磁铁的磁场就越强，所以可以根据磁矩来评价磁铁的性能。磁矩的单位是 Wb・m，这是历史上假设磁荷存在时给出的 ***EH*** 对应单位制的定义（参照 7-4 节）。

另一方面，只要电荷运动就会产生磁场，这一观点已经很明确了，于是，根据施加在电流上的电磁力作为基本原则的 ***EB*** 对应单位制，就可以定义磁矩。流过半径为 a 的圆电流 I 所产生的磁场是偶极性的，它产生的磁矩是 πa^2I，单位是 $\mathrm{A \cdot m^2}$（图 7-10b）。

MEMO 提示　磁铁的磁能率是以偶极的磁荷和它的距离的乘积（***EH*** 对应），或者以圆电流的电流值和圆的面积的乘积（***EB*** 对应）来定义的（7-4 节）。

电荷的实质是正的原子核的质子和负的电子，但是关于磁场的本质，却找不到单极磁荷的实体粒子，即所谓的磁子并不存在。在磁铁的内部，被磁极极化的原子内部电荷的旋转会形成微小偶极磁场集合的磁铁的磁场。现代量子力学提出，很多电子本身的固有自旋（不同于经典旋转）的合成，形成了整体的双极磁场，构成了磁铁的磁场（见 7-6 节）。

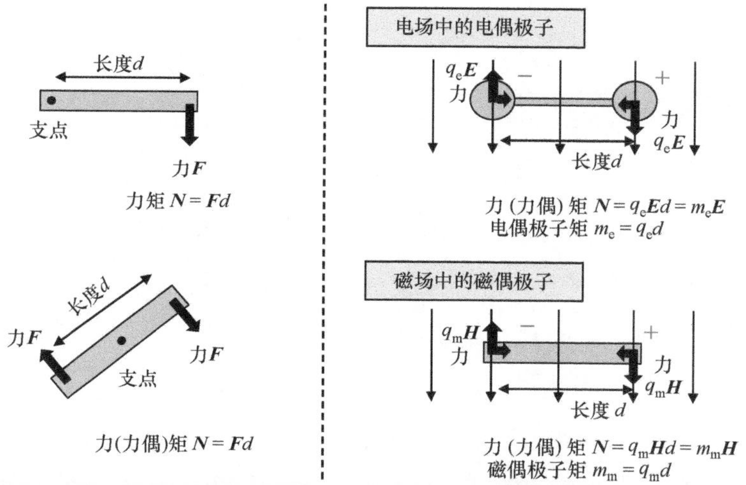

图 7-9

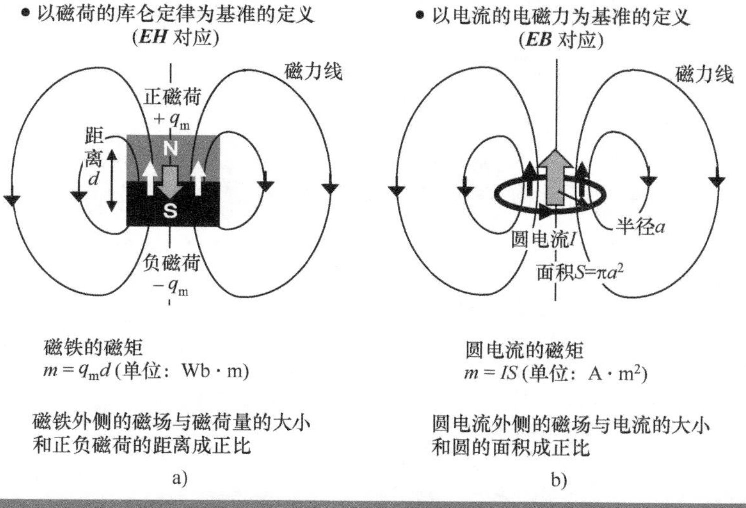

图 7-10

第 7 章

磁铁的微观结构

磁铁中并不存在单极磁荷，这个特点与电荷不同。现在已知，磁铁的偶极子结构是由量子力学的微观内部结构所形成的。

偶极矩

在原子尺度下产生的磁偶极子的磁矩由以下三者之和决定：①电子的自旋（固有磁性）；②电子围绕原子核的圆形轨道旋转；③原子核中质子的自旋（图 7-11）。在这三者当中，电子本身的自旋效应对磁性的贡献最大，原子核的自旋对磁性的贡献几乎可以忽略不计，电子沿着圆形轨道旋转运动的贡献也不大（图 7-11）。电子通过物理性的自旋而产生磁矩，如果按照经典理论的观念，这需要转速超过光速。而现代理论认为，如同基本粒子具有质量和电荷一样，基本粒子也具有自旋的属性。

铁的磁性之源是 3d 轨道的不成对电子

原子中的电子存在于原子核周围的特定位置（电子壳层），按照距离原子核由近到远的顺序，依次称为 K 壳层（主量子数 $N=1$）、L 壳层（2）、M 壳层（3）、N 壳层（4）……进入各个壳层中的电子的数量是 $2N^2$ 个。电子轨道被命名为 s 轨道（2 个电子）、p 轨道（6）、d 轨道（10）、f 轨道（14）……电子的自旋有向上和向下两种方向。在完全充满电子的轨道上，形成了上、下数量相等的电子对，磁矩为

MEMO 提示　原子磁矩的起源主要是电子固有的自旋，由不成对电子的数量决定元素的磁性。

零。铁元素有 26 个电子，除了 3d 轨道之外，其他轨道都充满了电子。就好像在双人座位并排的“公交车座位规则”那样，座位已经被逐个乘客填满。电子进入轨道的时候也有并不成对的洪特（Funt）规则。在没被充满的 3d 轨道上，最多能存在 4 个不成对的电子，这些不成对电子的自旋和沿着电子轨道旋转的作用决定了铁的磁性（图 7-12）。

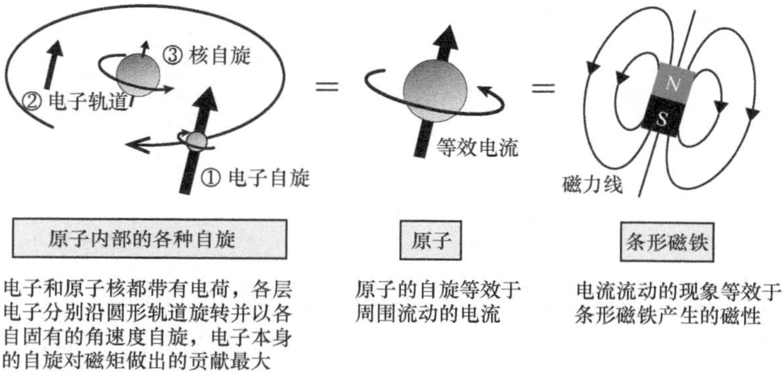

③ 核自旋
② 电子轨道
① 电子自旋
=
等效电流
=
N
S
磁力线
原子内部的各种自旋
电子和原子核都带有电荷，各层电子分别沿圆形轨道旋转并以各自固有的角速度自旋，电子本身的自旋对磁矩做出的贡献最大
原子
原子的自旋等效于周围流动的电流
条形磁铁
电流流动的现象等效于条形磁铁产生的磁性

图 7-11

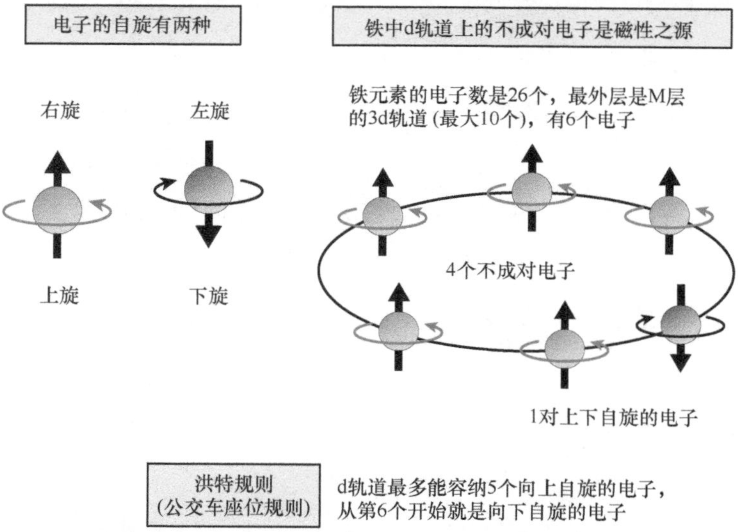

电子的自旋有两种
右旋
左旋
上旋
下旋
铁中d轨道上的不成对电子是磁性之源
铁元素的电子数是26个，最外层是M层的3d轨道（最大10个），有6个电子
4个不成对电子
1对上下自旋的电子
洪特规则
(公交车座位规则)
d轨道最多能容纳5个向上自旋的电子，从第6个开始就是向下自旋的电子

图 7-12

磁滞现象

如果使施加到磁性物质的外部磁场 H 不断增大，则磁性体所有原子的自旋就会排列整齐，出现磁通密度 B 不再增加的饱和现象。

磁滞的 4 个指标

假设最初有一个未磁化的磁体，为此磁体加上磁场并使外部磁场强度增加，则磁性极化（磁化）逐渐增大，最终饱和（图 7-13a）。横轴为磁场强度 H，纵轴为磁通密度 B（或磁化强度 M），描述磁化过程的曲线就是磁化曲线。经过原点的斜率 B/H 相当于磁导率。在磁性体中，若从饱和状态开始减少磁场，则磁化曲线并不沿着原来的路径下降，出现磁化残留（图 7-13b），这就是磁滞现象。

这条曲线可以定义四个表示磁铁性能的指标。这就是当外部磁场强度 H 增大时的①饱和磁通密度、当外部磁场为零时的②残留磁通密度（剩余磁化）、当磁铁内部磁通密度为零时的磁场强度③矫顽力。此外，作为残留磁通密度和矫顽力的组合的指标，把减磁曲线上的 H 和 B 的乘积达到最大的值定义为 $(BH)_{max}$。它表示外部做功的最大值，称为④最大能积。

磁畴的变化

磁滞现象可以通过磁性体内部的微观结构的变化来理解。原子的磁矩全部平行排列的小区域的集合称为磁畴，其分隔符称为磁畴

MEMO 提示　磁化和磁滞现象的本质是磁畴壁的移动，从而改变自旋的整体结构。磁畴壁是将磁性体内部自旋整齐的磁畴分隔开来。

壁（图 7-14）。H 不断增大，使得磁畴壁移动导致磁化增强，最终导致磁性体内部的自旋趋于一致。这种现象在显微镜下已经被确认。在初期的磁化过程中，由于多个磁畴在相互挤压的同时出现移动，所以从微观上看，磁化曲线是锯齿状的。这时会产生电磁噪声，也就是著名的巴克豪森效应。

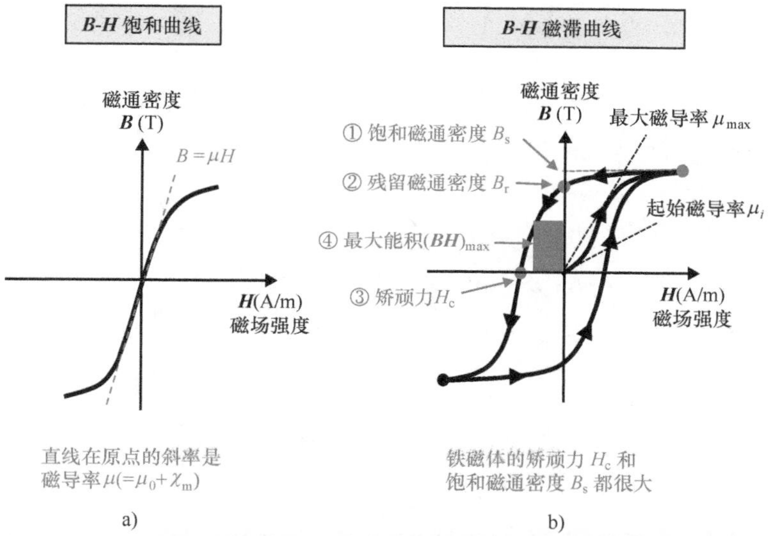

图 7-13

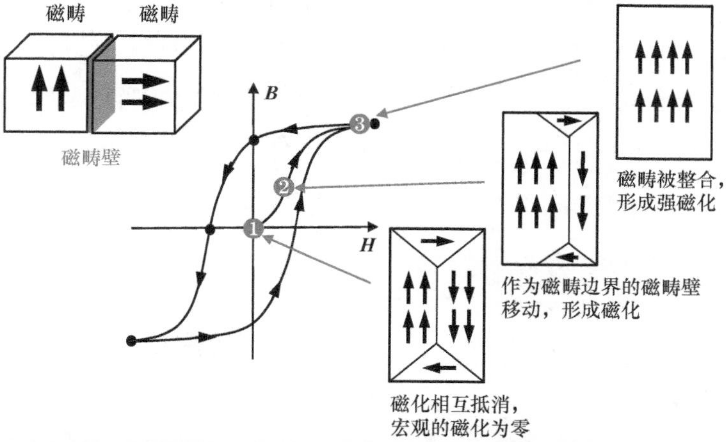

图 7-14

7-8 <电流 · 静磁场篇>

顺磁性、铁磁性和反磁性

没有外部施加磁场也会发生磁化（自发磁化）的物质称为磁性体。本节将说明磁性体的分类。

铁磁性与反磁性

在没有磁场的情况下，构成物质的原子的自旋是零乱的，但如果从外部施加磁场，一部分原子的自旋方向就会趋于一致，物质整体的宏观磁化就会发生变化。通过物质内部的磁通密度和外部的磁通密度的比较，可以对磁性体进行分类（图 7-15）。宏观磁化方向与外部磁场相同并且磁化较弱的物质就是顺磁性体；磁化较弱但方向相反的物质是反磁性体。此外，大部分原子的自旋方向一致，宏观磁化很强，并且内部的磁通密度很大的物质就是铁磁性体。

如果按照磁通量 $\boldsymbol{B}=\mu_0(1+\chi)\boldsymbol{H}$ 中的相对磁化率 χ（希腊字母）来分类，则当 $|\chi| \ll 1$ 且 χ 为 正时是顺磁性体，χ 为负时是反磁性体。另外，当 $|\chi| \gg 1$ 时，大部分原子的自旋方向一致，物质内部的磁通密度变大，这种物质是铁磁性体，即使没有外部磁场也具有磁矩，铁、钴、镍等都属于此类。

铁磁性和铁氧体磁性

广义上的铁磁体可以分为铁磁性（通常能被磁铁吸引的铁、钴、镍等）和铁氧体磁性（主要成分是氧化铁）。两种铁磁性的差异源于

MEMO 提示　单词前缀的 ferro 意思是“第 1 种铁”，铁元素；ferri 意思是“第 2 种铁”，铁的化合物。

晶体磁性离子自旋（磁矩）的排列结构（图 7-16）。狭义的铁磁体只是指**铁磁性体**通过相互平行的自旋自发地发生了磁化。在**铁氧磁性体**中，晶体中存在单向自旋的磁性离子和反向自旋的磁性离子两个种类，整体上表现为两者之差的磁化特性。

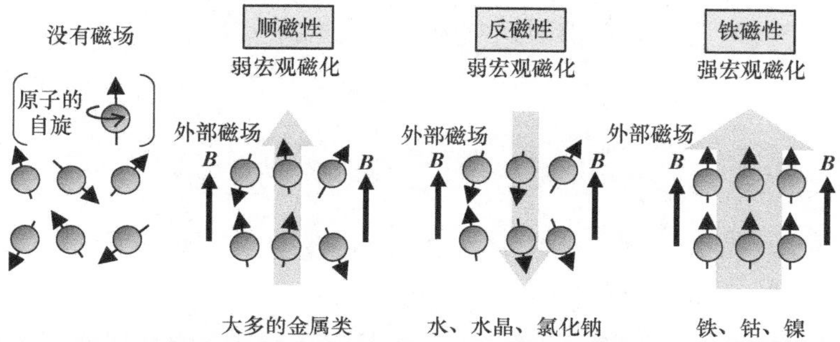

图 7-15

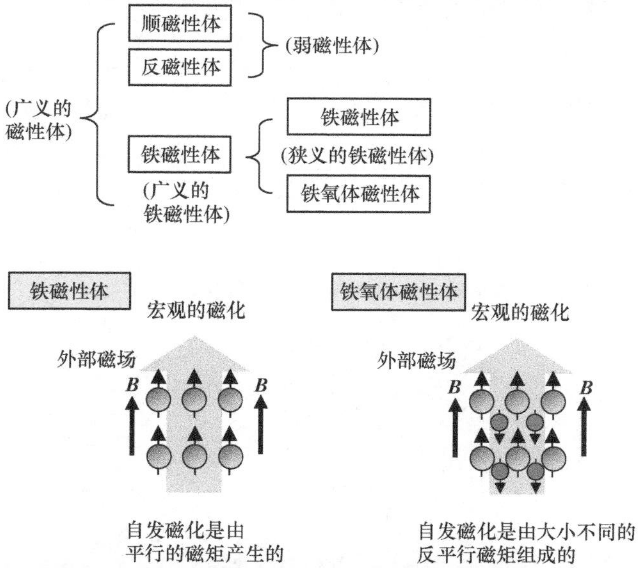

图 7-16

选择测试题

答案见 134 页

测试题 7.1　磁性体内的 *B* 和 *H* 是哪一个？

如果将磁场 ***H*** 垂直地施加于相对磁化率为 χ 的铁板上，则磁化强度 ***M*** 会怎样呢？铁板内的磁场强度 ***H′*** 和磁通密度 ***B′*** 又是怎样的呢？

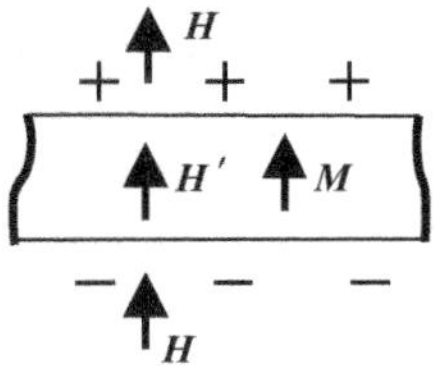

M：① H　② χH　③ $H/(1+\chi)$　④ $\chi H/(1+\chi)$

H′：① H　② $(1+\chi)H$　③ $H/(1+\chi)$　④ $\chi H/(1+\chi)$

B′：① $\mu_0 H$　② $\mu_0(1+\chi)H$　③ $\mu_0 H/(1+\chi)$　④ $\mu_0\chi H/(1+\chi)$

测试题 7.2　在磁铁球的磁力作用下，铁球是如何运动的？

把铁球排列在轨道上，在左边放一个强力的磁铁球。如果从左侧慢慢地滚动铁球使其碰撞，那么结果如何呢？

① 合为一体并不动

② 右端的球会猛地弹射出去

③ 右端的球会慢慢离开并停止

④ 右端的球会慢慢离开后再返回

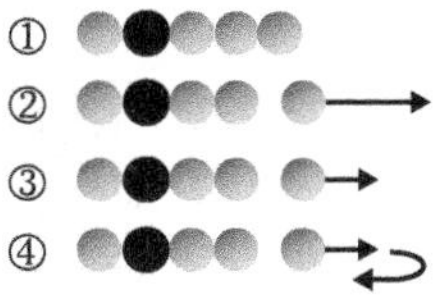

专栏7

摩西效应能将水分开吗

反磁性物质和铁不同，它会相对于磁场形成相反的磁感应并产生排斥力。水就是反磁性的，如果对局部施加强磁场，水面就会变低。因为来自旧约圣经《出埃及记》记录了将海水分割的轶事，所以称为“摩西效应”。水的磁化率是 -9×10^{-6}，用反磁性的磁压超过几 m 的水的压力，需要 100T 左右的磁场强度。因为苹果含有水分，所以在强力的磁场中，苹果漂浮起来也是可能的。但是，实际上在一定时间内形成如此强大的磁场是很困难的。《圣经》中记述的真伪，需要根据潮涨潮落、风暴、海啸以及地点和地形等因素进行实验的验证。

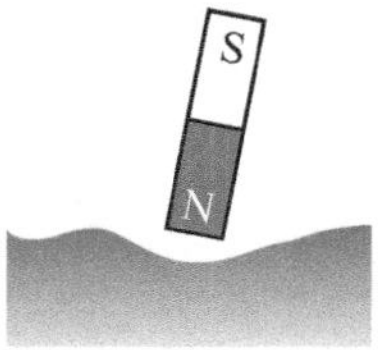

综合测试题

问题对应于各节的总结/答案见 134 页

7-1 如果把铁放在磁场强度 $\boldsymbol{H}$ 中，它就会变成磁铁，这个现象叫作［　　］。这个向量由 $\boldsymbol{M}=\chi_m\boldsymbol{H}$ 定义，变成 $\boldsymbol{B}=\mu_0(1+\chi_m)\boldsymbol{H}$，$(1+\chi_m)$ 称为［　　］。在边界处，磁场强度 $\boldsymbol{H}$ 的［　　］（线）分量和磁通密度 $\boldsymbol{B}$ 的［　　］（线）分量会变得连续。

7-2 与电荷的类比，考虑磁荷的磁量 q_m(Wb)，根据场中的静磁力 $\boldsymbol{F}$(N) 可以按［　　（单位）］来虚拟地定义磁场强度向量 $\boldsymbol{H}$。

7-3 在铁心的磁路中，电流值与匝数的乘积 $F=NI$ 称为［　　］，F 和磁通量 Φ 使得磁路的欧姆定律 $F=R_m\Phi$ 成立。R_m 是［　　］。

7-4 电场 $\boldsymbol{E}$ 是根据电荷定义的，关于磁场，有根据施加在虚拟磁荷上的力定义磁场强度 $\boldsymbol{H}$ 的经典的［　　］对应，还有根据加在微电流元上的力来定义磁通密度 $\boldsymbol{B}$ 的现代的［　　］对应的单位制。

7-5 一对电荷 $\pm q$(C) 分开距离 d(m) 时，电偶极矩为［　　（单位）］。一对磁荷 $\pm q_m$(Wb) 分开距离 d(m) 时，磁偶极矩为［　　（单位）］。在 $\boldsymbol{EB}$ 对应中，在半径为 a(m) 的圆电流 I(A) 上的磁矩会以［　　（单位）］来定义。

7-6 磁性体的磁场的主要来源，是由电子固有［　　］形成的。遵循量子力学的［　　（人名）］定律的［　　］电子决定磁性。

7-7 将外部磁场施加于磁性体时，磁场强度 H 和磁通密度 B 的关系取决于以前的磁化过程（充磁或者去磁）。这是由［　　］和［　　］的磁矩一致性的区域发生变化所致。

7-8 如果用相对磁化率 χ 来分类磁性体，则铁磁体的条件是［　　］，顺磁性体的条件是［　　］，反磁性体的条件是［　　］。

测试题答案

答案 7.1 $\boldsymbol{M}$：④　$\boldsymbol{H}'$：③　$\boldsymbol{B}'$：①

【解释】因为垂直施加磁场时，磁通密度是连续的，所以外部磁通密度 $\boldsymbol{B}=\mu_0\boldsymbol{H}$ 等于内部磁通密度 $\boldsymbol{B}'$。另一方面，因为内部磁通密度是 $\boldsymbol{B}'=\mu_0(\boldsymbol{H}'+\boldsymbol{M})$，磁化强度向量是 $\boldsymbol{M}=\chi\boldsymbol{H}'$，所以 $\boldsymbol{B}'=\mu_0(1+\chi)\boldsymbol{H}'$。因为 $\boldsymbol{B}=\boldsymbol{B}'$，所以 $\boldsymbol{H}'=\boldsymbol{H}/(1+\chi)$，$\boldsymbol{M}=\chi\boldsymbol{H}/(1+\chi)$。

【另解】设表面有 $\boldsymbol{M}$ 的磁化，相对于截面为 S 的圆柱体适用高斯定理。因为 $S(\boldsymbol{H}-\boldsymbol{H}')=S\boldsymbol{M}$，$\boldsymbol{M}=\chi\boldsymbol{H}'$，所以可以得到 $\boldsymbol{H}'=\boldsymbol{H}/(1+\chi)$。据此可导出 $\boldsymbol{B}=\boldsymbol{B}'$（磁通密度守恒）。

【参考】作为边界条件，磁通密度守恒，$\boldsymbol{B}=\boldsymbol{B}'$。在顺磁性磁体（$\chi>0$）中，磁场强度为 $\boldsymbol{H}'=\boldsymbol{H}/(1+\chi)<\boldsymbol{H}$，在反磁性磁体（$\chi<0$）中，磁场强度为 $\boldsymbol{H}'>\boldsymbol{H}$。

答案 7.2 ②

【解释】磁铁吸引的磁能与动能相加，左侧的铁球急剧加速，碰撞使得右端的铁球快速猛力地弹出。

【参考】这种由磁铁驱动的加速装置称为“高斯加速器”。如果不用磁铁，而是用四个静止的普通的铁球，那么当一个铁球从左边慢慢地撞击时，由于能量守恒和动量守恒，只有最右端的一个铁球缓慢地移动。这就是“牛顿摆”的原理。

综合测试题答案（满分 20 分，目标 14 分以上）

（7-1）磁化（或磁性极化），相对磁导率，切线，法线

（7-2）$H=F/q_m$（A/m）

（7-3）磁势，磁阻

（7-4）$\boldsymbol{EH}$，$\boldsymbol{EB}$

（7-5）qd（C·m），$q_m d$（Wb·m），$\pi a^2 I$（A·m^2）

（7-6）自旋，洪特，不成对

（7-7）磁滞现象（磁化过程），磁畴

（7-8）$|\chi|\gg1$，$|\chi|\ll1$ 或 $|\chi|>0$，$|\chi|\ll1$ 或 $|\chi|<0$

第 8 章

<变化电磁场篇>

电磁感应

电动机和发电机的原理基础是电磁感应定律。第 8 章将介绍楞次定律和法拉第电磁感应定律，还将涉及运动导体中的电动势，阐述线圈的自感和互感，并对弗莱明的左手定则和右手定则做出比较和总结。

8-1 <变化电磁场篇>

楞次定律

因磁通量变化而在导体中产生电位差的现象称为电磁感应。感应电动势的方向由楞次定律确定。

感应电动势和感应电流

当磁铁靠近或远离线圈时（图 8-1），会在线圈中产生电动势，引起电流流动。爱沙尼亚的物理学家楞次（1804—1865 年）于 1833 年提出“流经线圈或导体中的感应电流的方向，总是阻碍引起感应电流的磁通量在原始磁通量附近做增减变化”，这就是用来确定感应电流方向的楞次定律。将磁铁 N 极靠近环形导体的情况如图 8-1a 所示，将磁铁 N 极远离环形导体的情况如图 8-1b 所示。当用环形导体代替磁铁靠近或远离时，感应电流的方向也是一样的。当 N 极和 S 极颠倒时，感应电流和感应磁场的方向在两图中都相反。对于这个感应电动势的方向或者说感应电流的方向，可以通过第 8-8 节中给出的右手定则判断，同时还要认识到它与左手定则（第 6-3 节）的区别。

导体中的感应涡电流

现在考虑使用强磁铁在铝板上方摆动的情况（图 8-2）。铝板不受磁铁的吸引，但是当摆锤运动时，在铝板中产生的涡电流会减弱摆锤的运动。在磁铁接近铝板运动时，磁铁的前方因磁铁靠近而引起磁场增强。根据楞次定律，感应的涡电流会阻碍磁场增加，从而产生把磁

MEMO 提示　楞次定律曾被认为是“自然不喜欢剧烈变化”的现象。法拉第电磁感应定律确定了感应电动势大小和方向的数学描述。

铁向反方向推回的力。反之，在磁铁运动的后方，磁场减弱，感应的涡电流会阻碍磁场减弱，从而产生把磁铁拉回的力。结果是磁铁摆锤很快就会停止运动，摆锤的动能损失会转变成铝板上的焦耳热。

当磁铁靠近时

当磁铁远离时

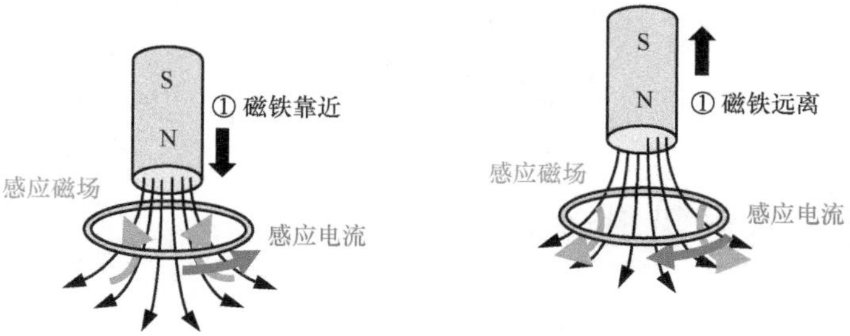

② 在线圈中，
来自磁铁的磁通量增加

③ 线圈中产生的感应电流，
建立与磁铁相反方向的磁场，
阻碍了磁通量的增加

a)

② 在线圈中，
来自磁铁的磁通量减少

③ 线圈中产生的感应电流，
建立与磁铁相同方向的磁场，
阻碍了磁通量的减少

b)

图 8-1

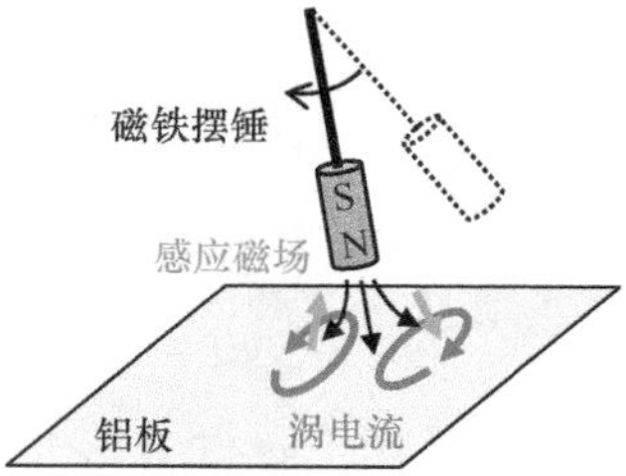

磁铁不会吸引铝板，
但它会制止摆锤运动

根据楞次定律：
正在运动的摆锤的前方因为磁场在增强，感应出涡电流的方向促使磁场减弱

正在运动的摆锤的后方因为磁场在减弱，感应出涡电流的方向促使磁场增强

前后两个涡电流都将使摆锤制动、停止

摆锤损失的动能变成铝板上的焦耳热

图 8-2

法拉第电磁实验

1831 年，实验物理学家法拉第发现了电磁感应定律。在此十年前，已经创建了电磁旋转的装置，这就是电动机的原型。让我们回顾一下这个过程吧！

法拉第的单极电动机

当今世界，将电能转化为旋转能量的电动机已经应用于各个领域。世界上第一个制造电磁电动机的人是英国的迈克尔·法拉第。1821 年，他制造了两个产生运动的装置，命名为电磁旋转装置。第一种是将磁铁竖立在装有水银的容器的中央，从上面垂下铁丝浸入水银中，电流通过铁丝和水银。电流产生的磁场与磁铁的磁场相斥，铁丝持续围绕磁铁旋转（图 8-3 右侧）。第二种叫作单极电动机（单极电磁电动机），与第一种相反，是磁铁围绕铁丝转动（图 8-3 左侧）。在这个实验后的 1831 年，法拉第发现了电磁感应定律。

单极感应电动势

与单极电动机相对应的还有单极感应发电机。用一个半径为 a 的金属圆盘，围绕一个细的中心轴以恒定的角速度 ω 旋转。当圆盘在平行于中心轴的均匀磁通密度 $\boldsymbol{B}$ 的磁场中旋转时，电磁感应会在圆盘边缘和中心轴之间产生电动势（图 8-4）。这就是单极感应，利用这个原理可以制作发电机。

圆板以角速度 ω 旋转时，半径 r 处的 1 个自由电子（电荷量为 $-e$）

MEMO 提示 英国的天才实验物理学家迈克尔·法拉第发现了电磁感应定律（1831 年）和电解定律（1833 年）。

所受到的洛伦兹力为 $\boldsymbol{F}=-er\omega\boldsymbol{B}$，电场强度为 $\boldsymbol{E}=r\omega\boldsymbol{B}$。因此，由 $V(a)=0$ 可以得到，圆盘周围和中心轴之间的电位差（**单极感应电动势**）为

$$\boldsymbol{U}=\int \mathrm{d}\boldsymbol{U}=V(0)-V(a)=\int_0^a \omega\boldsymbol{B}r\mathrm{d}r=\frac{1}{2}\omega\boldsymbol{B}a^2$$

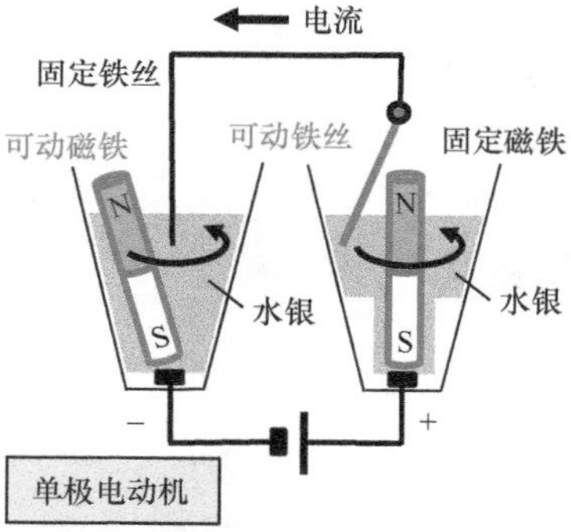

把左侧的可动磁铁和右侧的可动铁丝都放置在水银中

当直流电源接入流过电流时，

(左侧) 在固定铁丝中流过电流所形成的磁场作用下，可动磁铁的N极旋转 (单极电动机)

(右侧) 铁丝中的电流产生磁场并与磁铁相互作用，使得可动铁丝旋转 (磁场对电流的作用力，适用左手定则判断方向)

图　8-3

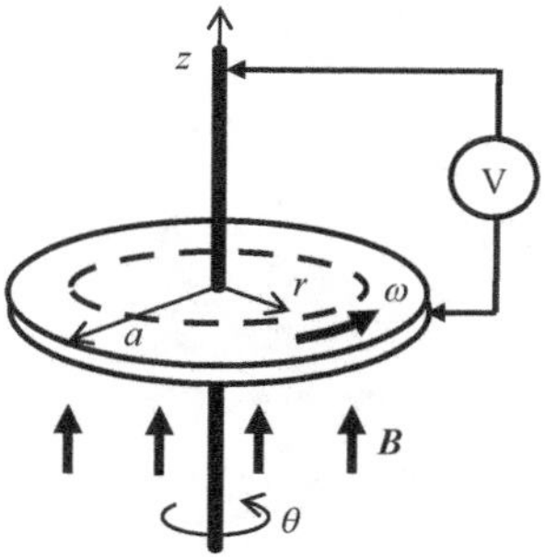

施加在电子上的力
在磁场中以角速度$\omega=\mathrm{d}\theta/\mathrm{d}t$转动导体圆盘
在圆柱坐标系 (r,θ,z)中，在位置$r=(r,0,0)$处
角速度向量为$\omega=(0,0,\omega)$，速度 $\boldsymbol{v}=\omega\times r$
$=(0,r\omega,0)$，
因此磁场的洛伦兹力 $\boldsymbol{F}=(-e)\,\boldsymbol{v}\times\boldsymbol{B}=(-er\omega B,0,0)$

$|\boldsymbol{F}|=er\omega B$
方向为 $-\boldsymbol{r}$ (指向中心轴方向)

感应电压
考虑与中心轴的距离 r 和 $r+\mathrm{d}r$ 之间的宽度为$\mathrm{d}r$的细环
$\mathrm{d}r$ 部分所受的力 $\boldsymbol{F}=-er\omega\boldsymbol{B}$
电场 $\boldsymbol{E}=\boldsymbol{F}/(-e)=r\omega\boldsymbol{B}$
电位差 $\mathrm{d}\boldsymbol{U}=-\boldsymbol{E}\mathrm{d}r=-\omega\boldsymbol{B}r\,\mathrm{d}r$

圆盘周边部分与中心轴之间的电位差

$$\boldsymbol{U}=\int \mathrm{d}\boldsymbol{U}=V(0)-V(a)=\int_0^a \omega\boldsymbol{B}r\mathrm{d}r=\frac{1}{2}\omega\boldsymbol{B}a^2$$

图　8-4

第8章

法拉第电磁感应定律

随着人们对电流产生磁场的认知越来越深刻，很多人开始思考，磁场是否也能产生电流呢？这个想法直接促成了电磁感应的发现。

电磁感应定律

当磁铁靠近或远离螺线管的线圈时，线圈会感应出电压（图 8-5）。这是因为当线圈中的磁场发生变化时，线圈的两端就会感应出电动势，力图使线圈流过电流，这种现象叫作电磁感应。电磁感应产生的电动势称为感应电动势（感应电压），产生的电流称为感应电流。1831 年英国科学家法拉第发现了“感应电动势的大小与单位时间线圈内的磁通量的变化率成正比”的电磁感应定律。

变压器和感应电动势

感应电动势的大小与磁场的磁通密度 B（T 或 Wb/m^2）、线圈的截面积 $S(m^2)$ 以及线圈的匝数 N 成正比。一次线圈产生的磁通线数量，即磁通量 Φ_B(Wb) 为 BS，穿过 N 匝的二次线圈的磁通 Φ 为

$$\Phi = N\Phi_B = NBS \tag{8-1}$$

因此，线圈中的感应电动势 U(V) 与 Φ 的时间变化率成正比，即

$$U = -\frac{d\Phi}{dt} = -N\frac{d\Phi_B}{dt} \tag{8-2}$$

变压器采用的就是这个原理（图 8-6）。利用铁心，尽量减少漏磁

MEMO 提示　磁通的单位和磁量一样是韦伯（Wb），也可以写成电压和时间的乘积的伏特秒（V·s），$1Wb = 1V\cdot s = 1T\cdot m^2$。

通，铁心内的损耗为零。可以通过线圈的匝数比来调节一次线圈和二次线圈的电压比。

$$\frac{U_2}{U_1} = \frac{N_2}{N_1} \qquad (8\text{-}3)$$

将N极靠近线圈

磁场

感应电动势

感应电流

磁场

线圈内磁通密度 B
线圈的截面积 S
穿过一圈的磁通量 Φ_B

将N极远离线圈

感应电动势

感应电流

穿过二次线圈的磁通量是 $\Phi = N\Phi_B = NBS$，随着时间的变化的磁通量产生感应电动势

感应电动势 $U(\text{V})$

$$U = -\frac{\mathrm{d}\Phi}{\mathrm{d}t}$$

图 8-5

$\Phi_B = BS$（环内的磁通量）

一次线圈　　　　二次线圈

Φ_B

U_1　　N_1　N_2　　U_2

Φ_B

铁心

磁通量 Φ 的单位是韦伯 (Wb)，表示磁力线的数量

$$1\text{Wb} = 1\text{V·s} = 1\text{T·m}^2$$

在没有磁通泄漏的理想情况下，感应电动势 $U(\text{V})$

$$U = -\frac{\mathrm{d}\Phi}{\mathrm{d}t} = -N\frac{\mathrm{d}\Phi_B}{\mathrm{d}t}$$

对于一次回路和二次回路

$$U_1 = -N_1\frac{\mathrm{d}\Phi_B}{\mathrm{d}t}$$

$$U_2 = -N_2\frac{\mathrm{d}\Phi_B}{\mathrm{d}t}$$

因此 $U_1 : U_2 = N_1 : N_2$

图 8-6

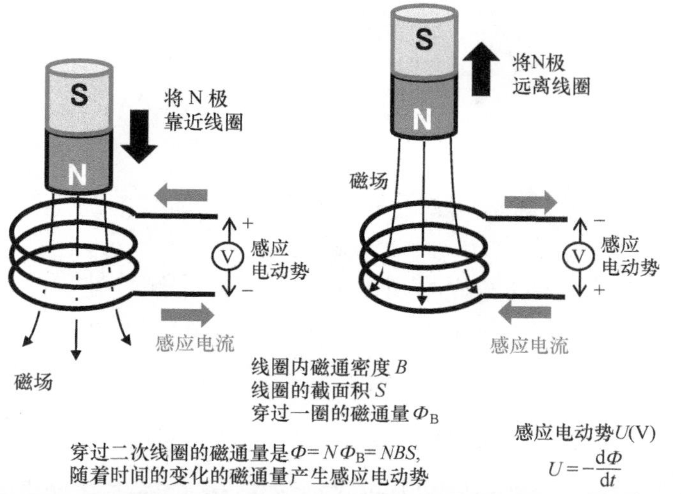

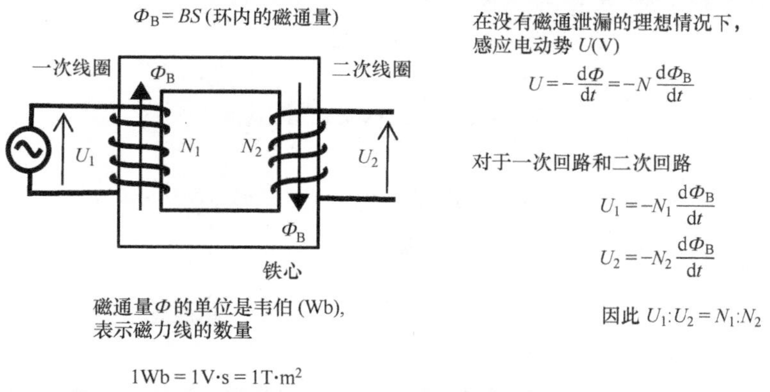

运动导线中的感应电动势

左手定则用来判断洛伦兹力（或安培力）的方向，右手定则用来判断感应电动势的方向。

运动导体中电动势的物理描述

8-3 节描述了磁通量变化在固定线圈中产生感应电动势。当磁场固定并移动导体时，也会产生感应电动势。如图 8-7 所示，磁力使电子聚集到一侧，形成电场。为了使电场力和磁场力平衡，产生感应电动势，在垂直方向上均匀磁通密度 $\boldsymbol{B}$（$\mathrm{Wb/m^2}$）的情况下，如果以速度 $\boldsymbol{v}$(m/s) 水平移动长度为 L(m) 的导线，则在垂直于 $\boldsymbol{v}$ 和 $\boldsymbol{B}$ 的水平方向产生的感应电动势 $\boldsymbol{U}$(V)，如下：

$$\boldsymbol{U}=\boldsymbol{v}\times\boldsymbol{B}L \tag{8-4}$$

计算运动导体中的感应电动势

感应电动势的大小也可以通过法拉第电磁感应定律求得。如图 8-8a 所示，当在磁通密度为 $\boldsymbol{B}$(T) 的磁场中放置一条コ形导线，并将长度为 L(m) 的导体棒与此导线接触。考虑一下当导体棒以速度 $\boldsymbol{v}$(m/s) 向右移动时，全部导体所包围的矩形闭路中感应电动势的大小。该闭路的总磁通为 $\boldsymbol{\Phi}=\boldsymbol{B}Lx$，如果在时间 Δt 内移动的距离为 $\Delta\boldsymbol{x}=\boldsymbol{v}\Delta t$，则磁通的增量为 $\Delta\boldsymbol{\Phi}=\boldsymbol{B}L\Delta\boldsymbol{x}=\boldsymbol{B}L\boldsymbol{v}\Delta t$。感应电动势 $\boldsymbol{U}$ 引起的电流是作为抵消磁通的增量，因此，电动势的大小为

MEMO 提示　电动势是一种能力，是指产生电压使电流通过导体的能力，相当于电路中的电源。

$$U = \left| -\Delta\boldsymbol{\Phi}/\Delta t \right| = vBL \qquad (8\text{-}5)$$

对于转动导体中的感应电动势的计算推导，如图 8-8b 所示。

电子在磁力作用下　　形成电场　　磁场力和电场力相平衡
向一侧聚集　　　　　　　　　　　决定运动形态

磁通密度
$\boldsymbol{B}$

电动势
U

距离
L

速度 v

$\boldsymbol{B}$　z　v

x　y

U

电子受到的力（洛伦兹力）
$(-e)\,\boldsymbol{v}\times\boldsymbol{B} + (-e)\,\boldsymbol{E} = 0$

磁场力　　电场力

$\therefore\ \boldsymbol{E} = -\boldsymbol{v}\times\boldsymbol{B}$

$$V(x) = -\int_0^x \boldsymbol{E}\,\mathrm{d}x = \boldsymbol{v}\times\boldsymbol{B}x$$

$$\boxed{U = \boldsymbol{v}\times\boldsymbol{B}L}$$

长度为 L 的运动导体中的电动势 $U(L) = \boldsymbol{v}\times\boldsymbol{B}L$

图　8-7

z

y

x

磁通密度
$\boldsymbol{B}$

电动势
U

长度
L

距离 y　Δy

速度 v

回路中的磁通量　$\boldsymbol{\Phi} = BLy$

微小的移动距离　$\Delta y = v\Delta t$

磁通量的增量　$\Delta\boldsymbol{\Phi} = BL\Delta y = BLv\Delta t$

电动势　$U = \left|-\Delta\boldsymbol{\Phi}/\Delta t\right| = vBL$

方向是减少磁通量的方向（x方向）

a)

z

r

θ

磁通密度
$\boldsymbol{B}$

角速度向量
$\boldsymbol{\omega} = (\mathrm{d}\theta/\mathrm{d}t)\,\boldsymbol{e}_z$

半径 r

a

θ

速度
$\boldsymbol{v} = \boldsymbol{\omega}\times r$

电动势 U

施加到导体中电子的洛伦兹力
$\boldsymbol{F} = (-e)\,vB = -er\omega B$

电子形成的电场
$\boldsymbol{E} = r\omega B$

转动导体中的电动势（中心向外方向）

$$U = -\int_a^0 \boldsymbol{E}(r)\,\mathrm{d}r = -\int_a^0 \boldsymbol{\omega}\boldsymbol{B}r\,\mathrm{d}r = \frac{1}{2}\,\boldsymbol{\omega}\boldsymbol{B}a^2$$

b)

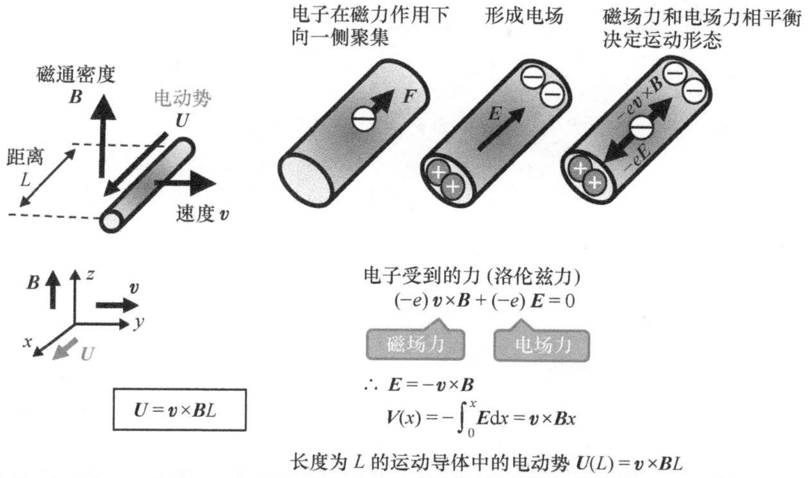

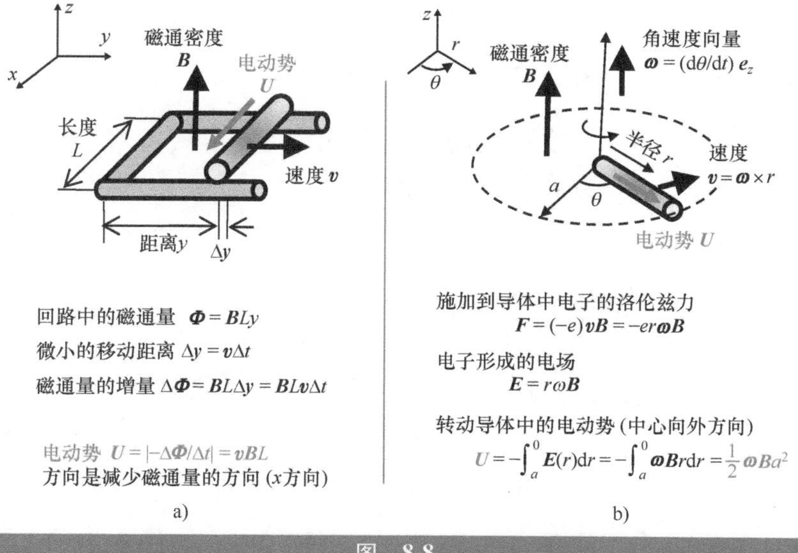

图　8-8

自感

自己产生的磁场抑制了自己的电流，这种现象就是自感，下面就来探讨这个自感系数。

自感

当电流通过电线缠绕成弹簧状的电感元件（线圈）时，穿过线圈本身的磁通量随时间变化而产生反电动势（图 8-9）。因为线圈本身电流的变化反而会影响电流的变化，所以叫自感应，简称自感。由于电流产生的磁场与电流 I(A) 成正比，因此穿过线圈的磁通量 Φ(Wb) 为

$$\Phi = LI \tag{8-6}$$

式中，比例系数 L 称为自感，单位为亨利（H）。以电流的正方向作为感应电动势的正方向，感应电动势的大小如下：

$$U = -L\frac{\mathrm{d}I}{\mathrm{d}t} \quad (L>0) \tag{8-7}$$

同轴圆筒的电感

这是一个闭合电路，内侧圆筒半径为 a，外侧圆筒半径为 b。电流 I 沿某个方向流入内圆筒，该电流再沿着反方向流出外圆筒。磁场只在同轴双圆筒之间产生，内筒的内侧和外筒的外侧的磁通量均为零。穿过回路的磁通量是在角度 θ 恒定的情况下，对径向和轴向进行面积积分而得到的。根据安培定律，在半径 $r(a \leqslant r \leqslant b)$ 处，内部形成的磁场

MEMO 提示　电感的单位是以与法拉第同时期发现电磁感应现象的美国著名物理学家约瑟夫·亨利（1897—1878 年）的名字来命名的。

为环绕磁场 $B_0=\mu_0 I/(2\pi r)$，将单位长度的微磁通 $B\mathrm{d}r$ 从 a 积分到 b，得到单位长度的磁通（图 8-10）。因此根据式（8-6），可求出单位长度的自感 L 为

$$L(\mathrm{H/m})=\frac{\mu_0}{2\pi}\ln\frac{b}{a} \tag{8-8}$$

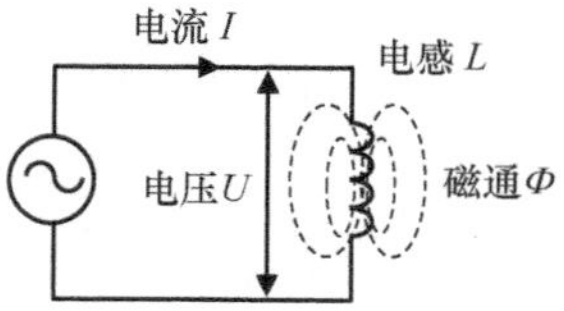

磁通量 $\Phi=LI$

比例系数 L 为自感(自感应系数)

电动势 $U=-L\dfrac{\mathrm{d}I}{\mathrm{d}t}$

单位

$1\mathrm{H}=1\mathrm{Wb/A}=1\mathrm{V}\cdot\mathrm{s/A}=1\mathrm{m}^2\cdot\mathrm{kg}\cdot\mathrm{s}^{-2}\cdot\mathrm{A}^{-2}$

图 8-9

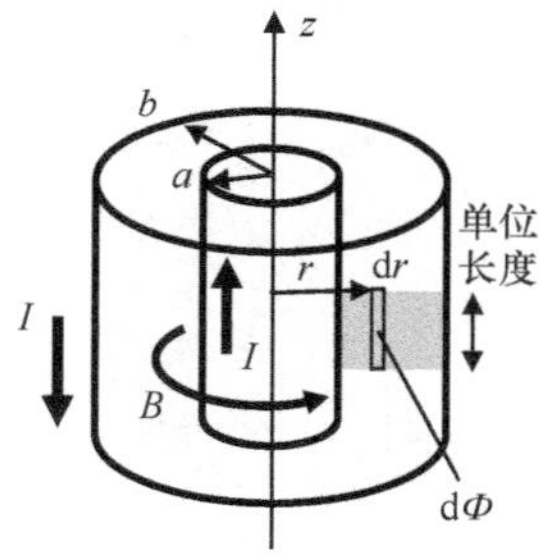

同轴内的磁通密度

$$B=\frac{\mu_0 I}{2\pi r}\quad(a\leqslant r\leqslant b)$$

$\mathrm{d}\Phi=B\mathrm{d}r$，$z$ 方向上每单位长度的磁通微分

单位长度的磁通量

$$\Phi(\mathrm{Wb/m})=\int_a^b \mathrm{d}\Phi=\int_a^b\frac{\mu_0 I}{2\pi}\frac{1}{r}\,\mathrm{d}r=\frac{\mu_0 I}{2\pi}\ln\frac{b}{a}$$

单位长度的自感

$$L(\mathrm{H/m})=\frac{\Phi}{I}=\frac{\mu_0}{2\pi}\ln\frac{b}{a}$$

图 8-10

第8章

互感

在包含多个线圈的电路中，线圈之间会相互影响。因此除了自感之外，还需要考虑来自其他线圈的相互感应（互感）。

互感

两个线圈靠近放置。当线圈 1 的电流发生变化时，发生自感应现象。同时，线圈 1 产生的一部分磁通量穿过线圈 2，在线圈 2 中产生感应电动势。这种现象叫作相互感应，简称互感。假设线圈 1 的自感为 L_1(H)，电流为 I_1(A)，线圈 1 发出的磁通穿过线圈 2 的部分为 Φ_{21}(Wb)（意思是线圈 1 对线圈 2 的互相感应磁通 $\Phi_{2\leftarrow 1}$ 写成 Φ_{21}），Φ_{21} 与 I_1 成正比。

$$\Phi_{21}=M_{21}I_1 \tag{8-9}$$

式中的比例常数 M_{21} 称为互感，单位为亨利（H）。线圈 2 中产生的感应电动势 U_{21} 与 Φ_{21} 对于时间的变化率成正比。

$$U_{21}=-\frac{\mathrm{d}\Phi_{21}}{\mathrm{d}t}=-M_{21}\frac{\mathrm{d}I_1}{\mathrm{d}t} \tag{8-10}$$

同样，也可以得到线圈 2 影响到线圈 1 的磁通 Φ_{12} 和感应电动势 U_{12}（图 8-11）。

耦合系数

推广到一般情况，可以证明 $M_{12}=M_{21}=M$，这就是通常所说的互感的互反定理。此外，M 与自感的关系可表示为

MEMO 提示　互感的互反定理由电感的诺伊曼公式（本书未提及）证明。

$$M = k\sqrt{L_1 L_2} \tag{8-11}$$

式中的 k 为**耦合系数**，$0 \leqslant k \leqslant 1$。如果线圈系统耦合情况为理想的无磁通泄漏，则 $k=1$。

线圈 1 和线圈 2 串联时的合成电感，除了要考虑各自的自感外，还要考虑线圈 1 对 2 和线圈 2 对 1 的互感，所以互感是 2 倍的关系，因接线方式的不同，写成 $L_1+L_2 \pm 2M$ 的形式（图 8-12）。

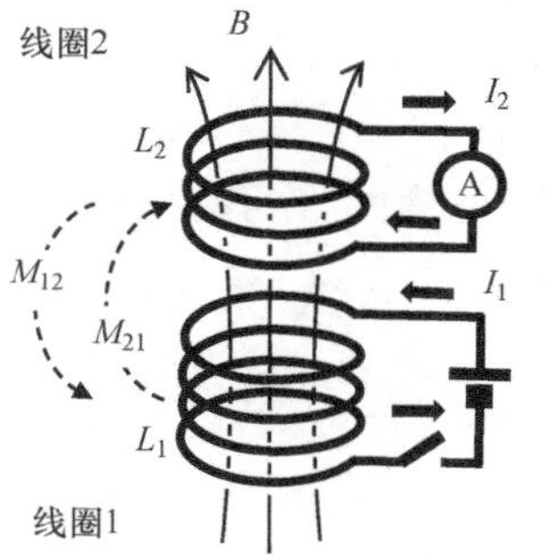

从线圈1到线圈2的磁通量和电动势

$\Phi_{21} = M_{21} I_1$

$U_{21} = -\mathrm{d}\Phi_{21}/\mathrm{d}t = -M_{21}\mathrm{d}I_1/\mathrm{d}t$

从线圈2到线圈1的磁通量和电动势

$\Phi_{12} = M_{12} I_2$

$U_{12} = -M_{12}\mathrm{d}I_2/\mathrm{d}t$

线圈1和线圈2中合成的磁通量和电动势

$\Phi_1 = \Phi_{11} + \Phi_{12} = L_1 I_1 + M_{12} I_2$

$\Phi_2 = \Phi_{22} + \Phi_{21} = L_2 I_2 + M_{21} I_1$

$U_1 = -\mathrm{d}\Phi_{11}/\mathrm{d}t - \mathrm{d}\Phi_{12}/\mathrm{d}t = -L_1\mathrm{d}I_1/\mathrm{d}t - M_{12}\mathrm{d}I_2/\mathrm{d}t$

$U_2 = -\mathrm{d}\Phi_{22}/\mathrm{d}t - \mathrm{d}\Phi_{21}/\mathrm{d}t = -L_2\mathrm{d}I_2/\mathrm{d}t - M_{21}\mathrm{d}I_1/\mathrm{d}t$

图 8-11

互感的互反定理 $M_{12} = M_{21} = M$

耦合系数 k $M = k\sqrt{L_1 L_2}$

当线圈1和线圈2串联时，合成电感与连接方式有关

$L = L_1 + L_2 + 2M$ 或者 $L_1 + L_2 - 2M$

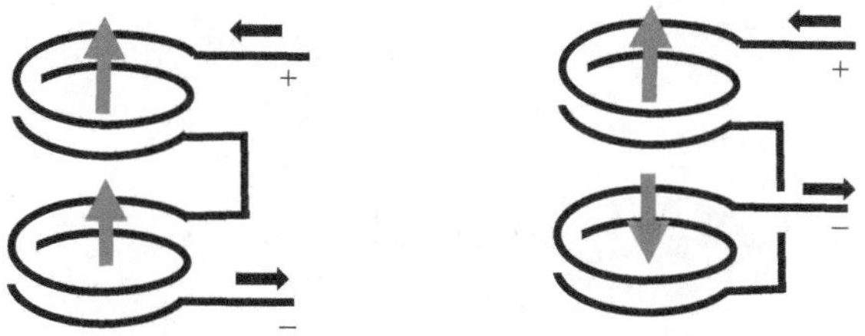

图 8-12

线圈的电感和磁能

电容器可以储存电能，同理，线圈（电感器）可以储存磁能。

螺线管线圈的磁能

如 6-5 节所示，假设空心细长螺线管线圈中每单位长度的匝数为 $n(\mathrm{m}^{-1})$，线圈电流为 $I(\mathrm{A})$，则线圈内部磁通密度为 $B(\mathrm{T})=\mu_0 nI$。线圈长度为 $l(\mathrm{m})$，截面积为 $S(\mathrm{m}^2)$，由于线圈总匝数为 $N=ln$，因此穿过线圈的磁通量为 $\Phi=NBS=\mu_0 n^2 SlI$。因此可以得到电感值为

$$L=\Phi/I=\mu_0 n^2 Sl \tag{8-12}$$

电感的电压是 $u=L\mathrm{d}i/\mathrm{d}t$，电压与电流 i 的乘积 ui 为电功率。因此，如果在 0 到 $T(\mathrm{s})$ 的时间内把电流从 0 增加到 $I(\mathrm{A})$，则在 Δt 时间所做的功是 $ui\Delta t=Li\Delta i$，累加即可得到电感中的磁能 $W_\mathrm{L}(\mathrm{J})$。如图 8-13 所示，三角形的面积相当于 $W_\mathrm{L}(\mathrm{J})$。

$$W_\mathrm{L}=\frac{1}{2}LI^2 \tag{8-13}$$

这相当于时间上从 0 到 T 的做功量的积分。

$$W_\mathrm{L}=\int_0^T\left(L\frac{\mathrm{d}i}{\mathrm{d}t}\right)i\mathrm{d}t=\int_0^I Li\mathrm{d}i=\frac{1}{2}LI^2=\frac{1}{2\mu_0}B^2 lS \tag{8-14}$$

线圈和电容器的能量密度比较

螺线管线圈内的磁场体积为 lS，因此作为单位体积的磁场能量，

MEMO 提示　电感在电路中的正式符号不是一个盘绕的线圈，而是如图 8-14a 所示的国际标准符号。

即磁能密度 $w_B(\text{J/m}^3) = W_L / (lS)$ 为（见图 8-14）

$$w_B = \frac{1}{2\mu_0}B^2 \qquad\qquad (8\text{-}15)$$

电感的磁能
$$W_L = \int_0^I Li\,\mathrm{d}i = (1/2)LI^2$$
$$L = \mu_0 n^2 lS$$
$$I = B/(\mu_0 n)$$

磁能密度
$$w_B(\text{J/m}^3) = W_L/(lS) = \frac{1}{2\mu_0}B^2$$

图 8-13

线圈（电感）	电容器（电容）

电感 L ⌇⌇⌇⌇ （符合国际电工委员会标准的电路符号）

电流和磁通量
$\Phi = LI$

磁通量变化和电压
$U = \mathrm{d}\Phi/\mathrm{d}t = L\,\mathrm{d}I/\mathrm{d}t$

能量　　　$W_L = (1/2)LI^2$

能量密度　　$w_B = \dfrac{1}{2\mu_0}B^2$

a)

电容 C ─┤├─ （符合国际电工委员会标准的电路符号）

电压和电荷
$Q = CU$

电荷变化和电流
$I = \mathrm{d}Q/\mathrm{d}t = C\,\mathrm{d}U/\mathrm{d}t$

能量　　　$W_C = (1/2)CU^2$

能量密度　　$w_E = \dfrac{\varepsilon_0}{2}E^2$

b)

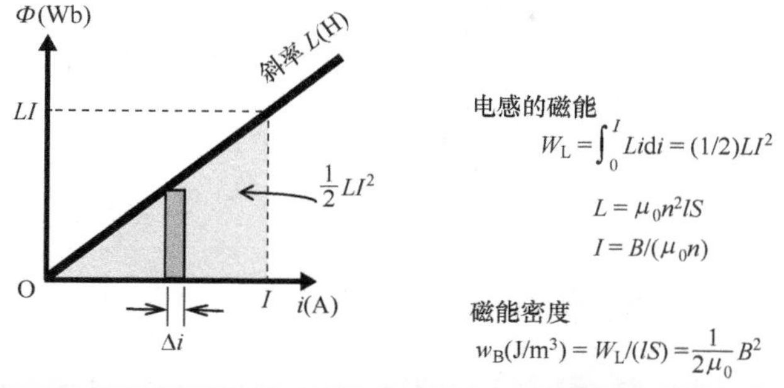

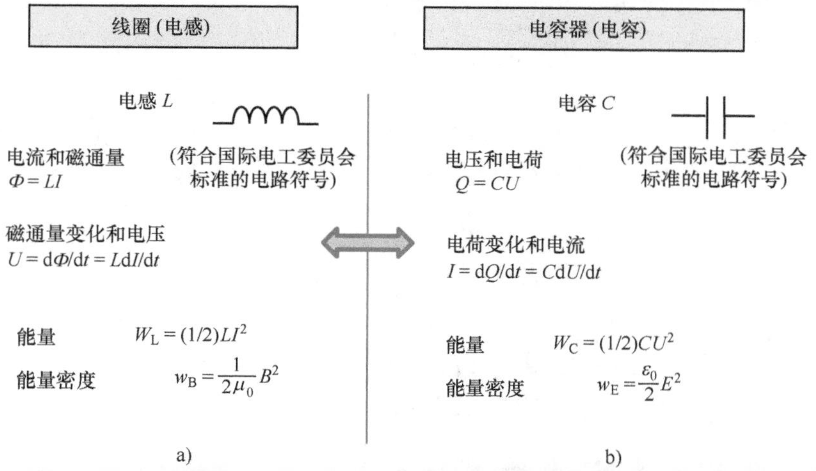

图 8-14

8-8 <变化电磁场篇>

左手定则和右手定则与电动机和发电机

弗莱明左手定则适用于洛伦兹力磁感应电动机（电动机），右手定则适用于电压和电流感应发电机（发电机）。

弗莱明左手定则和右手定则

弗莱明法则的左手和右手容易混淆，而且三个手指的方向需要配合，往往不容易做到。

弗莱明左手定则适用于磁场中载流导体受到力作用时的电动系统。长度为 L 的导体受到的力是 $\boldsymbol{F}=(\boldsymbol{I}\times\boldsymbol{B})L$，另外，一个带电粒子受到的磁场洛伦兹力是 $\boldsymbol{F}=q\boldsymbol{v}\times\boldsymbol{B}$。用物理描述来思考：电流引起的磁场与外部磁场合成，引起磁力线向一侧聚集，造成磁压增加（图 8-15）。

弗莱明右手定则适用于磁场中移动导体产生电动势时的发电系统。根据电磁感应定律，长度为 L 的导体产生的电动势 $\boldsymbol{U}=(\boldsymbol{v}\times\boldsymbol{B})L$。电动势 $\boldsymbol{U}$（电流 $\boldsymbol{I}$）的方向可以由磁场 $\boldsymbol{B}$ 的方向和导体运动方向（速度 $\boldsymbol{v}$）来判定。用物理描述来思考：自由电子在磁场洛伦兹力的作用下，朝着一个方向上积累，从而产生电动势（图 8-16）。

利用右手手掌的判定方法

在弗莱明定则中，磁场始终被记作食指的方向，如“FBI”“电、磁、力”等，但 $\boldsymbol{I}\times\boldsymbol{B}$ 和 $\boldsymbol{v}\times\boldsymbol{B}$ 中的物理量的方向可以由右手螺旋法则（右旋螺纹的前进方向）来确定。还有一种方法是只用右手的手掌

MEMO 提示　弗莱明定则是一个令人印象深刻的法则，不仅仅是记忆的方式，更重要的是理解物理向量公式及其含义的物理描绘。

⊖ 本节判据内容供参考。译者建议采用国内教材的“左手定则”和“右手定则”来判定电磁力和电动势的方向。也可以采用右手螺旋法则确定向量叉积的方向，即（$\boldsymbol{I}\times\boldsymbol{B}$）或者（$\boldsymbol{v}\times\boldsymbol{B}$）的方向。——译者注

来简便判定，而不是将左手或右手的手指做成三轴方向。始终以磁场 **B** 为四个手指的方向，以拇指为电流 **I**（电动系统）或运动速度 **v**（发电系统），手掌指示的方向就是获得的电磁力 **F** 或电动势 **U** 的方向。

本书中使用“右手掌方法”判别方向。

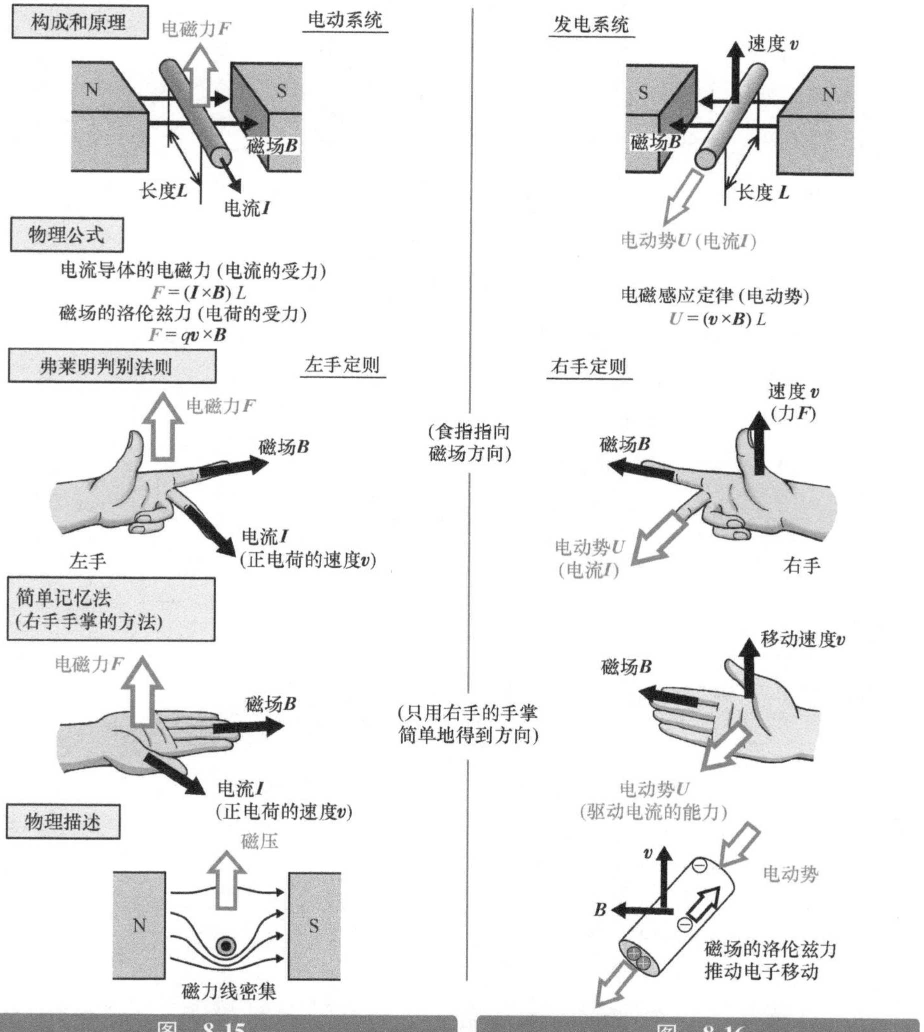

图 8-15　　图 8-16

⊖ 中国教材中使用的“左手定则”用于判断电动力的方向；“右手定则”用于判断感应电动势的方向，简称左动右发。国内教材的方法更加简便，易于记忆。本节内容供感兴趣的读者作为参考。——译者注

选择测试题

答案见 154 页

测试题 8.1　列车车轴竟然会产生感应电动势？

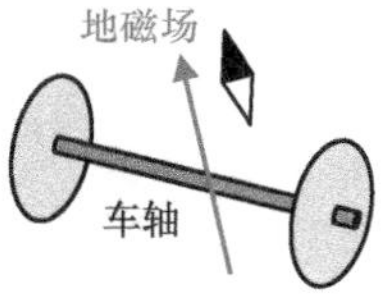

地磁的磁感应强度为 $B=4.4\times10^{-5}$T(=0.44G)，列车以 180km/h(50m/s) 的速度行驶。连接左右车轮的导体车轴长度为 $L=1.0$m，车轴上产生的感应电动势 U 是多少？

① 2nV　② 2μV　③ 2mV　④ 2V

测试题 8.2　思考一下法拉第悖论？

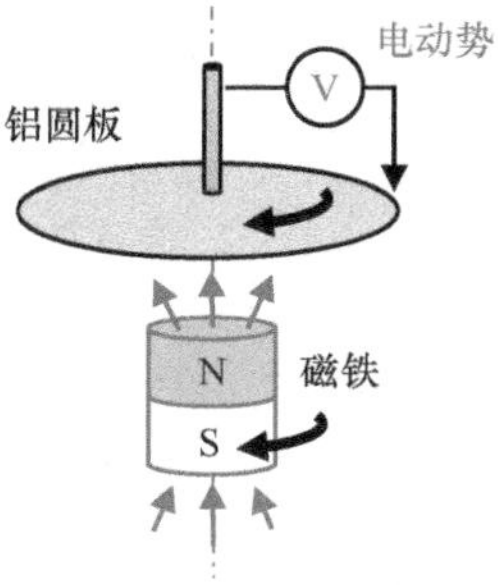

导体圆盘和磁铁可以制造单极发电机。通常是把磁铁固定而使圆盘旋转来发电（见 8-2 节）。下面的做法结果会怎样呢？(2×2 选择问题)。

（1）固定圆盘，使磁铁旋转，发电。
（①可能，②不可能）

（2）圆盘旋转，磁铁也旋转，发电。
（①可能，②不可能）

专栏8

用电量首屈一指的设备是电动机

在日本国内的电能消耗量中，装有电动机的设备耗电量占总量的近 60%。此外，照明和电热各占 10% 左右，信息设备占 5% 左右。电动机不仅广泛用于工厂的机器驱动，而且还用于空调和冰箱的压缩机。利用高性能控制和高效电动机，可以降低电能消耗，还可以减少二氧化碳的排放。例如，空调通过变频器控制频率取代 ON/OFF 的控制，可以优化工况并节省电能。在电机设备方面，作为三相异步电动机，引入了领跑者制度㊀，目标是在工作点之处具有超高的效率或参数值。

㊀ 领跑者（Top Runner）制度是日本政府在 1999 年推出的一项节能标准，旨在汽车和家电方面做出更多的节能产品。——译者注

综合测试题

问题对应各节的总结/答案见 154 页

8-1 流过线圈和导体板产生的感应电流的方向，是这个电流产生的磁通阻碍原磁通增减的方向，这叫作[（人名）]定律。

8-2 电动机的发明人是[（人名）]，他用了一个史无前例的、名为[ ]的装置进行了实验。

8-3 可变磁场 B(T) 穿过面积为 S(m^2) 匝数为 N 的圆形线圈。线圈两端的感应电压 U 可以写成[ ]。这个定律叫作[（人名）]的[ ]定律。

8-4 当长度为 L(m) 的导体以速度 v(m/s) 在均匀磁场 B(T) 中移动时，导线两端产生的[ ] U 为[（单位）]。

8-5 随时间变化的电流 I(A) 流过电路，当它产生的磁通量为 Φ(Wb) 时，电感 L 为[（单位）]，感应电动势 U 为[（单位）]。

8-6 假设两个线圈的电感量为 L_1、L_2，耦合系数为 k，则互感 M 为[ ]。如果这两个线圈串联，整体的电感量为[ ]。

8-7 当电流 I(A) 流过单位匝数为 n(m^{-1})，长度为 l(m)，截面积为 S(m^2) 的线圈时，线圈内部的磁通密度 B 为[（单位）]。此外，线圈的电感量为[（单位）]，磁能密度为[（单位）]。

8-8 判定电磁现象所产生的力和电流的方向，要用[（人名）]的左手定则和右手定则。作用于磁场中电流上的[ ]方向，由[ ]定则来判断；在磁场中运动的导体上产生[ ]的方向，由[ ]定则来判断。

第8章

测试题答案

答案 8.1　③

【解释】假设车轴与地磁正交，根据运动导体感应电动势的公式，可以得到 $U=vBL=50\times4.4\times10^{-5}\times1.0=2.2\times10^{-3}$ V

答案 8.2　（1）②　（2）①

【注意】仅磁铁旋转不会产生电动势，只有磁铁和铝板二者都在旋转时才会产生电动势。

【解释】磁铁旋转并不代表磁通线旋转。其实不存在磁力线这个实体，而是场发生了变化。本题中，轴对称的磁铁旋转，场不会发生变化。电动势是由圆盘内作为实体存在的自由电子旋转而产生的。

【参考】如果是非轴对称的磁铁旋转，则根据“阿拉戈圆盘”原理，产生涡流在铝板上流动（见第 8-1 节），铝板与磁铁一起旋转。这也是家用电能表（感应式电能表）的工作原理。

综合测试题答案（满分 20 分以上，目标 14 分以上）

（8-1）楞次

（8-2）法拉第，电磁回转

（8-3）$-NS\mathrm{d}B/\mathrm{d}t$，法拉第，电磁感应

（8-4）（感应）电动势，$\boldsymbol{v}\times\boldsymbol{B}L$(V)

（8-5）Φ/I(H)，$-\mathrm{d}\Phi/\mathrm{d}t$(V)

（8-6）$k\sqrt{L_1L_2}$，$L_1+L_2\pm2M$

（8-7）μ_0nI(T)，μ_0n^2Sl(H)，$B^2/(2\mu_0)$(J/m^3)

（8-8）弗莱明，电磁力，左手，电动势，右手

第 9 章

<变化电磁场篇>

交流电路

与直流电不同，家庭中使用的 220V 电是交流电。交流电的电压变换和电流切断都很容易。第 9 章将对交流电的发电和电流、电压的有效值进行说明，并对包括电感和电容在内的电路的阻抗以及交流电路的功率因数和有功功率进行总结。

单相交流发电的原理

利用法拉第电磁感应定律，可以制作交流发电机，通过加装整流子，也可以做成直流发电。

单相交流发电

电池是直流电，而家庭使用的220V电源却是交流电，其电压和电流的方向和大小都是按正弦函数周期性变化的。这种交流电是由交流发电机发出的（图9-1）。假设在均匀的磁场 B(T) 中，使面积为 S(m^2) 的单匝线圈以角速度 ω(rad/s) 旋转，磁场和线圈平面的法线向量的夹角 θ 在时间 $t=0$ 时为0，而在时间 t(s) 时为 $\theta=\omega t$。这时穿过线圈的磁通量 Φ_B(Wb) 是

$$\Phi_B = BS\cos\omega t \tag{9-1}$$

感应电流随磁通量的变化而变化，电流的方向也因之而反复变化。

单相感应交流电动势和直流发电机

根据法拉第电磁感应定律，交流电动势 U(V) 为（图9-2）

$$U = -\frac{d\Phi_B}{dt} = BS\omega\sin\omega t = U_m\sin\omega t \tag{9-2}$$

式中，$U_m = BS\omega$。并且，角频率（角速度）ω（rad/s）和频率 f(Hz)、周期 T(s) 的关系是

MEMO 提示　直流发电机与交流发电机有所不同，因为使用了整流子，所以也称为整流子发电机。

$$
\left.\begin{aligned}
\omega &= 2\pi f = 2\pi/T \\
f &= \omega/(2\pi) = 1/T \\
T &= 2\pi/\omega = 1/f
\end{aligned}\right\} \tag{9-3}
$$

如果在这台交流发电机上增设整流子和电刷，就可以使电流反向，得到单向的感应电动势，实现直流发电。通过增加线圈绕组的极数并增设电压滤波电路，就成为输出电压恒定的直流发电机。

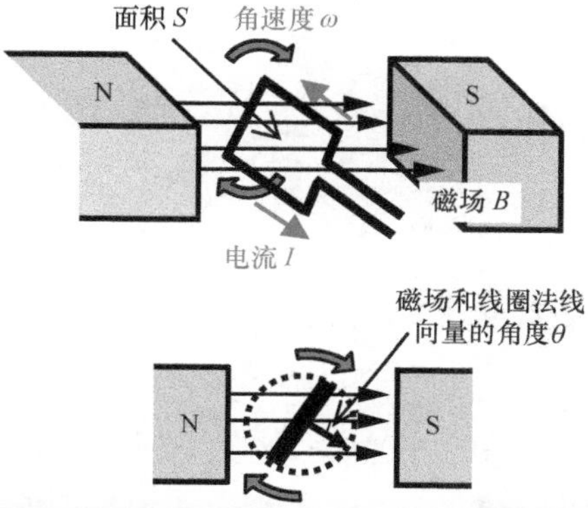

图 9-1

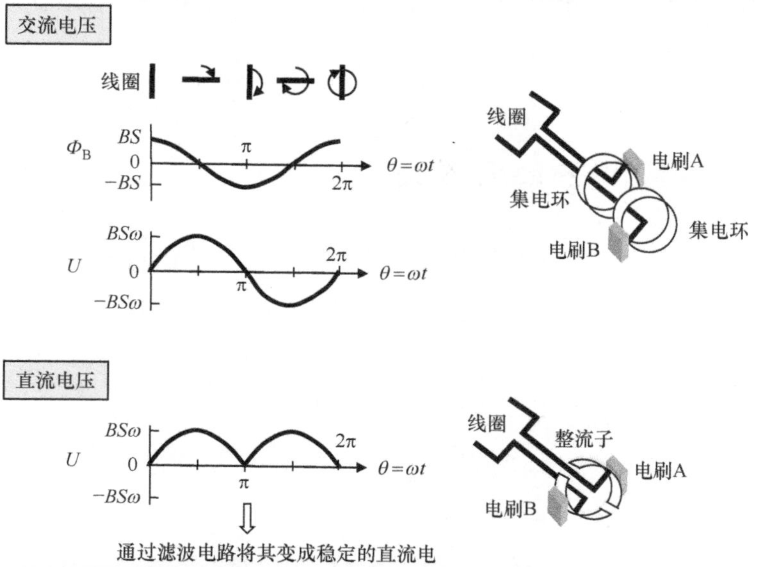

图 9-2

第9章

三相交流发电的原理

将两个单相交流电组合起来就会形成两相交流电，将三个单相交流电组合起来就会形成三相交流电。本节将探讨三相交流电的优点和连接的方式。

三相交流发电

虽然在 220V 的家电产品中使用的是以两根电源线为一组的单相交流电，但是在大功率输配电线路中，却是使用三根导线连接的三相交流电。如果在旋转的 NS 磁极中只设置一个线圈，就可以通过两条引出线而得到单相交流电。如果设置了位置相差 180°的两个线圈，就可以得到两相交流电，如果设置了位置相差 120°（2π/3rad）的三组线圈，就可以得到三相交流电。图 9-3 表示三相交流电的波形和旋转磁铁的方向。三个相电压的时间变化均为正弦波，这相当于三个线圈电压的向量箭头一圈一圈地以匀速旋转时，从侧面看到的高度的变化。

星形接线和三角形接线

三相交流电是由三组单相交流电组合而成的系统。简单来说，输电线路需要六根导线，但是，可以利用连接方式简化成三根导线。在星形（Y）联结方式中，在中央的公共线上流动的是对称三相交流电流的合成电流，始终等于零，所以无需连接电源中心和负载中心的中线。线间电压用两个向量的差来表示，星形（Y）联结的线间电压是相电压的$\sqrt{3}$倍，相位比相电压超前 30°，线电流和相电流相等。三角形（△）

MEMO 提示　采用三条线路的三相交流输电能力，是使用两条线路的单相输电功率的三倍。

联结的线间电压和相电压相等，但线电流是相电流的$\sqrt{3}$倍（图 9-4）。与单相交流电相比，三相交流输电的优点是每根导线的输电功率更大，在相同传输功率情况下，可以降低电线的重量。从三相交流电中可以方便地取出单相交流电，并且容易获得旋转磁场，适合于驱动交流电动机。

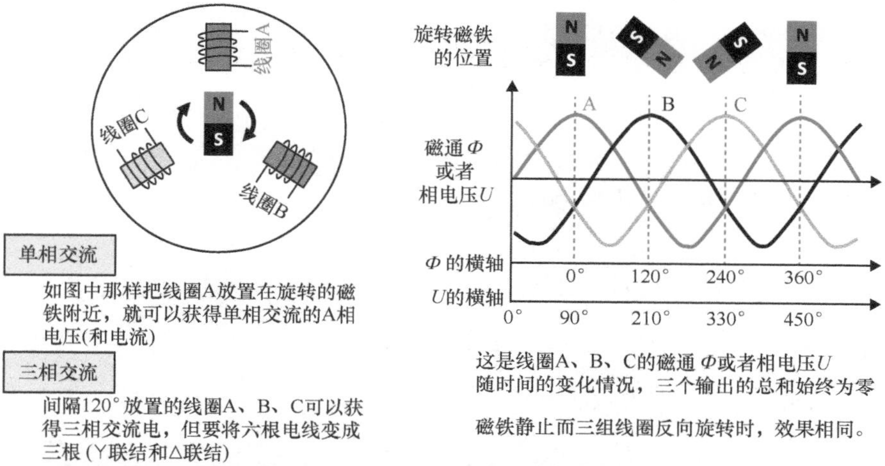

图 9-3

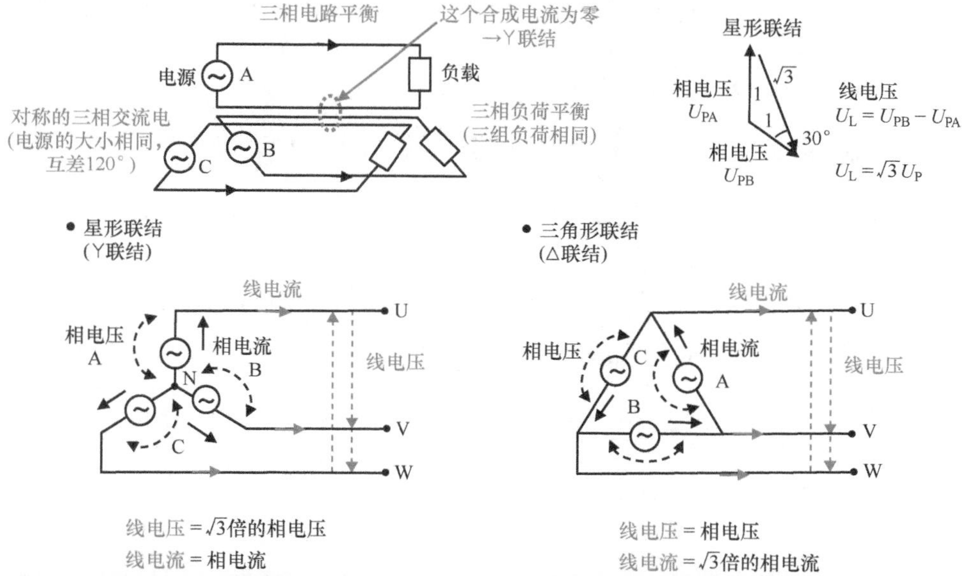

图 9-4

电流和电压的有效值

定义交流电的电压、电流的幅值大小不是取其平均值，而是使用方均根值（Root Mean Square，RMS），即有效值。

源于电功率的有效值定义

在电阻 R 上施加交流电压 $U(t)=U_m\sin\omega t$ 时，根据欧姆定律 $U(t)=RI(t)$，交流电流 $I(t)$ 为 $I_m\sin\omega t$，其中 $I_m=U_m/R$。作为电压和电流之乘积的功率 $P(t)$ 是 $U_mI_m\sin^2\omega t=(1/2)RI_m^2(1-\cos 2\omega t)$（图 9-5）。下标 m 意味着最大值（峰值）。将该功率用周期 $T(=2\pi/\omega)$ 平均可以得到

$$P_e=\frac{\omega}{2\pi}\int_0^{2\pi/\omega}\frac{1}{2}U_mI_m(1-\cos 2\omega t)\,dt=\frac{RI_m^2}{2} \tag{9-4}$$

如果用构成 RI_e^2 的平均电流 I_e 来表示平均功率 P_e，则 $I_e=I_m/\sqrt{2}$。这就是电流的有效值，下标 e 表示有效值（effective value）。

峰值与有效值、平均值的比较

交流电的电压、电流的有效值可以定义为：将电压或电流值求二次方后按周期 T 积分，并将其除以周期 T，再取其二次方根，这个二次方平均二次方根（**RMS**），也就是方均根。

$$U_e=\sqrt{\frac{1}{T}\int_0^T U(t)^2dt}=\frac{U_m}{\sqrt{2}},\quad I_e=\sqrt{\frac{1}{T}\int_0^T I(t)^2dt}=\frac{I_m}{\sqrt{2}} \tag{9-5}$$

MEMO 提示　民用的 220V 交流电压是指电压的有效值（方均根值）是 220V，其峰值是 311V，其平均值（半周期）是 198V。

电压和电流在周期 T 的平均值是零，而在半周期 $T/2$ 的平均值是

$$\langle U\rangle_{T/2}=\frac{2}{T}\int_0^{T/2}U(t)\,\mathrm{d}t=\frac{\omega U_\mathrm{m}}{\pi}\int_0^{\pi/\omega}\sin\omega t\mathrm{d}t=\frac{U_\mathrm{m}}{\pi/2} \tag{9-6}$$

平均值是有效值的 $2\sqrt{2}/\pi\sim0.9$ 倍。在一般情况下，所谓电压为 100V 的交流电是指它的有效值［式（9-5）］，其峰值是 141.4V，其平均值是 90V（图 9-6）。

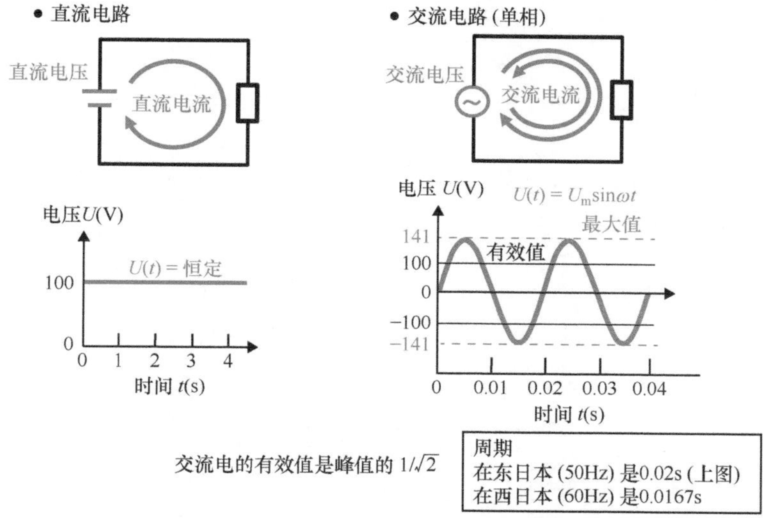

图 9-5

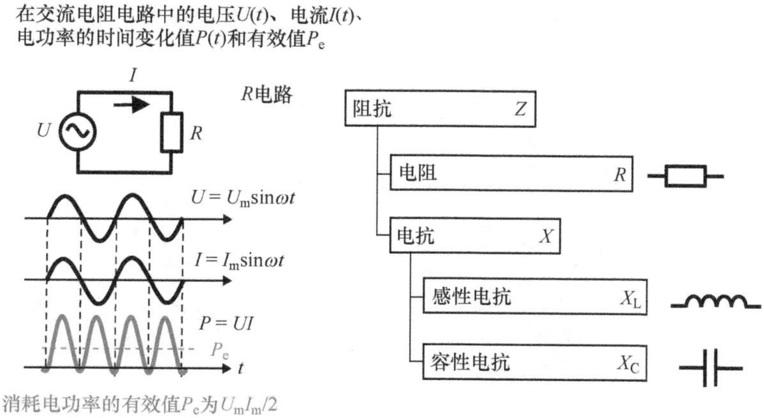

图 9-6

电感电路

在直流电路中不考虑线圈和电容器的阻力，但是在交流电路中要考虑线圈和电容器的阻力，只是它们不消耗能量。

L 电路

在以电感和电容为负载的交流电路中，当施加的交流电压为 $U(t)=U_0\sin\omega t$ 时，电流也是相同频率的交流电，相位相差 δ 角度，如下：

$$I(t)=I_0\sin(\omega t+\delta),\quad U_0=ZI_0 \tag{9-7}$$

式中的 U_0 和 I_0 的比值 Z 称为阻抗，相当于直流电路中的电阻（阻力），其单位为 Ω；δ 为初始相位角。如图 9-7 所示，当施加电压 $U(t)$ 时，在电感中自感的作用下，感应电压为 $-L\mathrm{d}I(t)/\mathrm{d}t$，起到阻碍电流流动的作用，即

$$U(t)-L\frac{\mathrm{d}I(t)}{\mathrm{d}t}=0 \tag{9-8}$$

若设施加电压为 $U(t)=U_0\sin\omega t$，则电流为

$$I(t)=\int_0^t\frac{\mathrm{d}I(t)}{\mathrm{d}t}\mathrm{d}t=\frac{1}{L}\int_0^t U(t)\,\mathrm{d}t=-\frac{U_0}{\omega L}\cos\omega t \tag{9-9}$$

设电流为 $I(t)=(U_0/Z)\sin(\omega t+\delta)$，则阻抗 $Z=\omega L$，初始相位 $\delta=-\pi/2(-90°)$。这表示电流的相位比电压的相位滞后 $\pi/2(90°)$，特别是当相位差刚好为 $\pm\pi/2$ 时，消耗的有功功率为零。这时的阻抗称为

MEMO 提示　阻抗 Z 中包括含有电阻 R 和电抗 X 的所有阻力成分。

电抗，用大写字母 X 来表示。

$$X_L = \omega L \qquad (9\text{-}10)$$

这种阻抗称为**感性电抗**或者**感抗**，单位为欧姆（Ω），与直流电阻单位相同（图9-8）。利用含有电感的电路，可以产生高电压，常用于汽车发动机的点火系统和荧光灯的放电启动装置。

施加的电压的波形
$$U(t) = U_0 \sin\omega t$$

电路的方程式
$$U(t) - L\frac{\mathrm{d}I(t)}{\mathrm{d}t} = 0$$

线圈电流发生变化时，自感引起的感应电动势会阻碍电流的变化

电流的波形
$$I(t) = \int_0^t \frac{\mathrm{d}I(t)}{\mathrm{d}t}\,\mathrm{d}t = \frac{1}{L}\int_0^t U(t)\mathrm{d}t$$
$$= -\frac{U_0}{\omega L}\cos\omega t = \frac{U_0}{Z}\sin(\omega t + \delta)$$

阻抗 $Z = \omega L$

相位 $\delta = -\pi/2$

感性电抗（感抗）X_L
$$X_L = \omega L \quad \text{单位：} \Omega$$
$$\omega = 2\pi f$$

(参考) R回路

L回路

U、I、$P = UI$、P_e、t

滞后 90°

电流的相位滞后 1/4波长（90°）

频率越高，感抗越大，峰值电流就越减小

消耗电功率的有效值 $P_e = \dfrac{UI}{2}$

消耗电功率 ±0

电功率的有效值为零

图 9-7

感抗 X_L (Ω)

$X_L = \omega L \propto f$

频率 f(Hz)

峰值电流 I_0 (A)

$I_0 = \dfrac{U_0}{\omega L} \propto \dfrac{1}{f}$

频率 f(Hz)

图 9-8

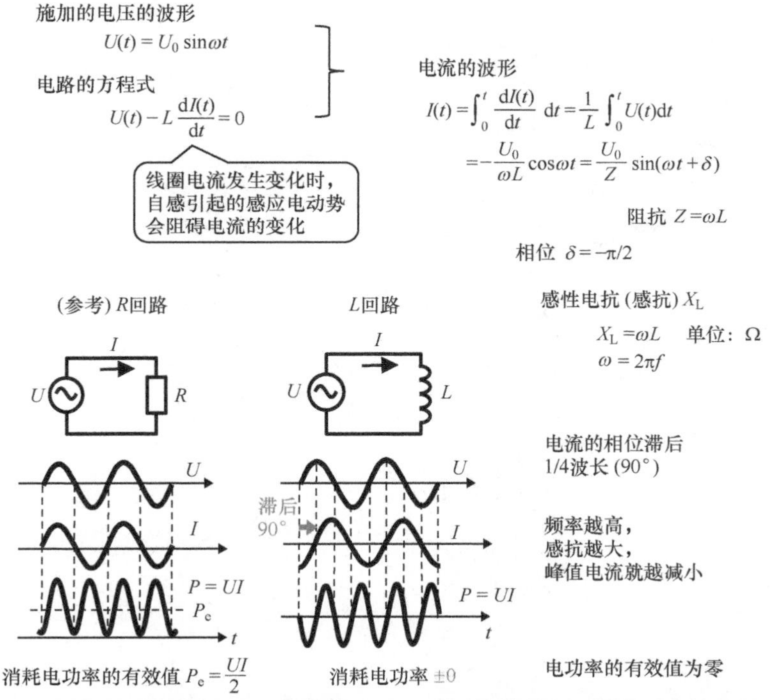

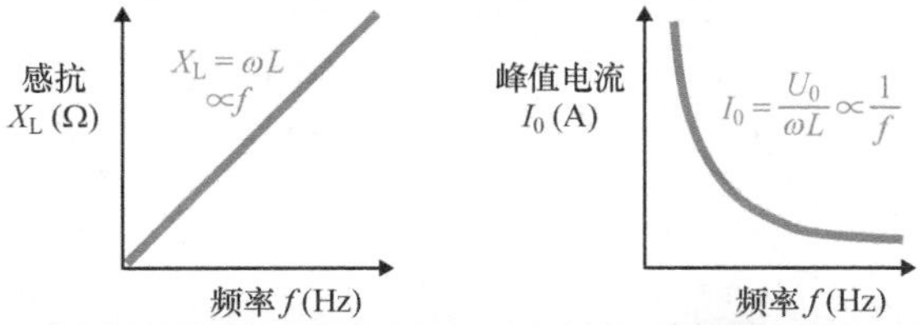

电容电路

和线圈（电感）一样，电容在交流电路中也不消耗电能。但是，在线圈中电流的相位滞后于电压，而在电容中电流的相位超前于电压。

C 电路

将交流电压 $U(t)$ 施加于电容 C 电路，电流 $I(t)$ 的公式是

$$U(t)-\frac{1}{C}\int I(t)\,\mathrm{d}t=0 \tag{9-11}$$

如果设施加的电压为 $U(t)=U_0\sin\omega t$，则电流是式（9-11）的微分，即

$$I(t)=C\frac{\mathrm{d}U(t)}{\mathrm{d}t}=\omega CU_0\cos\omega t \tag{9-12}$$

设电流 $I(t)=(U_0/Z)\sin(\omega t+\delta)$，则阻抗 $Z=1/(\omega C)$，初始相位角为 $\delta=\pi/2(90°)$。这说明电流的相位超前于电压 $\pi/2(90°)$（图 9-9）。容性电抗（容抗）的定义为

$$X_\mathrm{C}=\frac{1}{\omega C} \tag{9-13}$$

单位是欧姆（Ω）。在使用电动机之类的感性负载时，电流的相位会滞后于电压的相位，可以利用补偿电容器（进相电容器）来改善在 9-7 节中所叙述的功率因数。

一般说来，在交流电路中的阻抗 Z，是由纯电阻成分的电阻 R 和

MEMO 提示　针对交流的阻力是阻抗（Z），其倒数被称为导纳（$Y=1/Z$），表示电流流动的难易程度。

不消耗能量的电抗 X 的组合。电抗是假性的电阻，是由线圈的感抗 $X_L(=\omega L)$ 和电容器的容抗 $X_C = 1/(\omega C)$ 组成的。电路中各个元件电流的相位响应有所不同，不能简单地表示成代数和的形式（图9-10）。为了理解这一点，下一节叙述的复数表示法将给出解决的方法。

施加的电压的波形
$$U(t) = U_0 \sin\omega t$$

电路的方程式
$$U(t) - \frac{1}{C}\int I(t)\mathrm{d}t = 0$$

如果电流发生变化，电荷 Q 就会蓄积在电容器中，得到的电压为 Q/C

电流的波形
$$I(t) = C\frac{\mathrm{d}U(t)}{\mathrm{d}t} = \omega C U_0 \cos\omega t$$
$$= \frac{U_0}{Z}\sin(\omega t + \delta)$$

阻抗 $Z = \dfrac{1}{\omega C}$

相位 $\delta = \pi/2$

(参考) R 电路

C 电路

容性电抗 (容抗) X_C
$$X_C = \frac{1}{\omega C}\quad \text{单位：} \Omega$$
$$\omega = 2\pi f$$

$P = UI$

P_e

$P = UI$

电流的相位超前 1/4 波长 (90°)

超前 90°

频率越高，容抗越小，峰值电流就越增大

消耗电功率的有效值 P_e 为 $UI/2$

消耗电功率 ±0

电功率的有效值为零

图 9-9

容抗 $X_C (\Omega)$
$$X_C = \frac{1}{\omega C}$$
$$\propto \frac{1}{f}$$
频率 f(Hz)

峰值电流 I_0 (A)
$$I_0 = \omega C U_0$$
$$\propto f$$
频率 f(Hz)

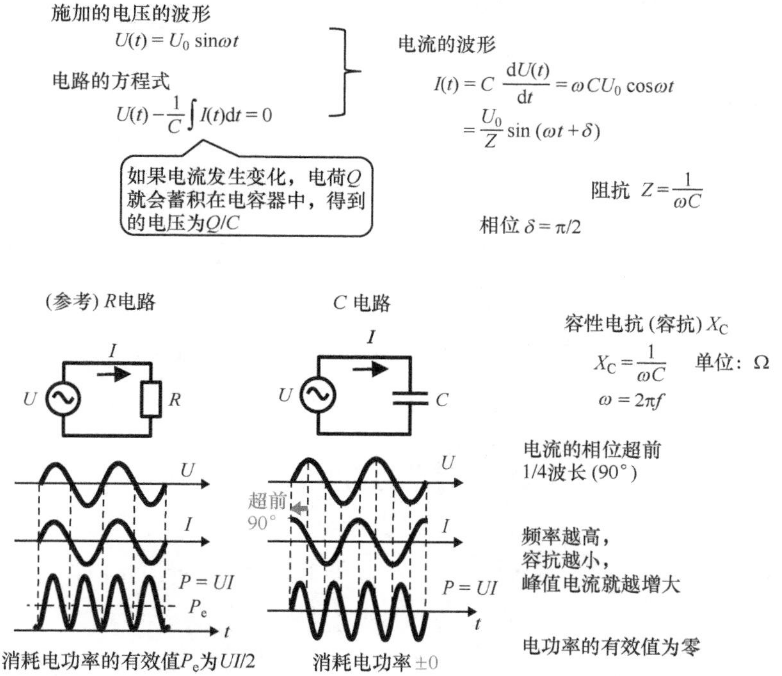

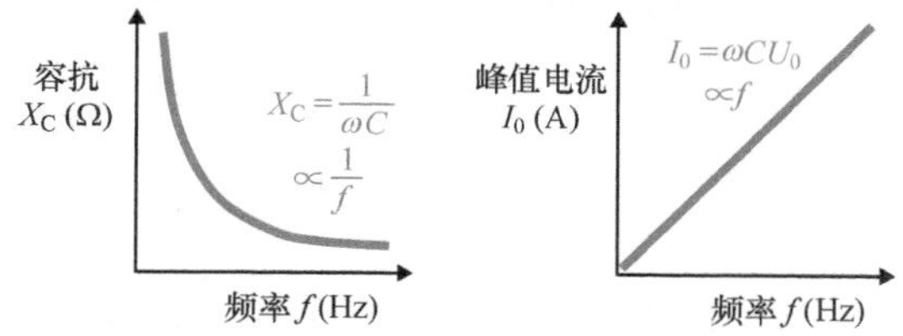

图 9-10

用复数表示阻抗

用复数表示阻抗时，复数的实部是电阻，虚部是电抗。

LCR 电路

在交流电源上串联连接了自感为 $L(\mathrm{H})$ 的线圈，电容量为 $C(\mathrm{F})$ 的电容器，电阻为 $R(\Omega)$ 的电阻器，这种电路叫作 ***LCR* 电路**（图 9-11）。如果在这个电路中施加交流电压 $U(t)$，电路中的电流为 $I(t)$，则电路的方程式可以写成

$$U(t)-RI(t)-\frac{L\mathrm{d}I(t)}{\mathrm{d}t}-\frac{1}{C}\int I(t)\,\mathrm{d}t=0 \qquad (9\text{-}14)$$

将这个公式扩展到复数运算，利用虚数单位 $\mathrm{i}=\sqrt{-1}$，再设电源电压为 $U=U_0\mathrm{e}^{\mathrm{i}\omega t}$，然后引入电流的复数振幅 $\hat{I}$ 并设复数电流为 $I=\hat{I}\mathrm{e}^{\mathrm{i}\omega t}$，则有

$$\left(R+\mathrm{i}\omega L+\frac{1}{\mathrm{i}\omega C}\right)\hat{I}=U_0 \qquad (9\text{-}15)$$

复数阻抗 $\hat{Z}$ 为

$$\hat{Z}=\frac{U_0}{\hat{I}}=R+\mathrm{i}\left(\omega L-\frac{1}{\omega C}\right) \qquad (9\text{-}16)$$

式中，实部 R 是电阻，虚部 $\omega L-1/(\omega C)$ 是电抗，是不消耗能量的假性电阻。

MEMO 提示　利用复变函数中的欧拉公式 $\mathrm{e}^{\mathrm{i}\omega t}=\cos\omega t+\mathrm{i}\sin\omega t$，可以实现指数函数和三角函数相互变换。

阻抗和相位滞后

根据图 9-12，可以计算出这个电路的阻抗 $Z(\Omega)$ 和相位偏移角 φ（相移角）

$$Z=\sqrt{R^2+\left(\omega L-\frac{1}{\omega C}\right)^2},\quad \tan\varphi=\left(\omega L-\frac{1}{\omega C}\right)/R \tag{9-17}$$

当电源的角频率 ω 达到 $\omega L=1/(\omega C)$ 时，LCR 电路的阻抗达到最小值，此时的频率为 $f=1/(2\pi\sqrt{LC})$。这个谐振频率常被用于收音机和电视机的调谐电路。

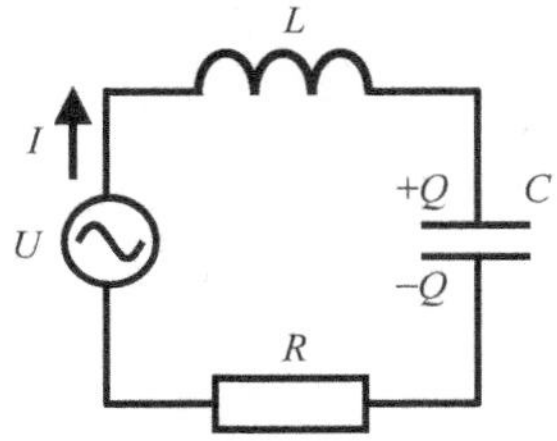

$$U(t)-RI(t)-\frac{L\mathrm{d}I(t)}{\mathrm{d}t}-\frac{1}{C}\int I(t)\mathrm{d}t=0$$

$$U=U_0\mathrm{e}^{\mathrm{i}\omega t}\qquad I=\hat{I}\mathrm{e}^{\mathrm{i}\omega t}$$

电流的复数振幅

$$\left(R+\mathrm{i}\omega L+\frac{1}{\mathrm{i}\omega C}\right)\hat{I}=U_0$$

复数阻抗

$$\hat{Z}=\frac{U_0}{\hat{I}}=R+\mathrm{i}\left(\omega L-\frac{1}{\omega C}\right)$$

图 9-11

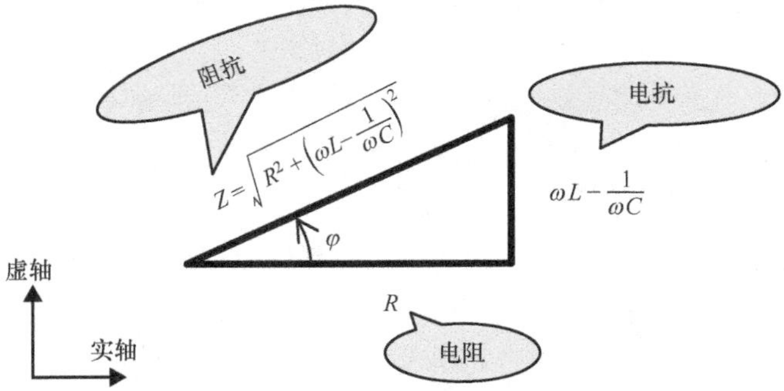

图 9-12

功率因数和有功功率

电气设备中加入线圈和电容元件，导致需求功率（最大电压、最大电流等）大于实际消耗功率。

功率因数

电压 U 和电流 I 分别使用有效值 U_e、I_e 和相位差 φ，当使用 $U=\sqrt{2}U_e\sin\omega t$ 和 $I=\sqrt{2}I_e\sin(\omega t-\varphi)$ 来表示电压 U 和电流 I 时，电功率的瞬时值 $P=UI$ 就可以使用三角函数公式 $\sin\alpha\cdot\sin\beta=-(1/2)[\cos(\alpha+\beta)-\cos(\alpha-\beta)]$ 写成

$$P=2U_eI_e\sin\omega t\cdot\sin(\omega t-\varphi)=U_eI_e[\cos\varphi-\cos(2\omega t-\varphi)] \quad (9\text{-}18)$$

设在周期 T 内的平均值 $\langle P\rangle=(1/T)\int_0^T P\mathrm{d}t$，则有

$$\langle P\rangle=\frac{U_eI_e}{T}\int_0^T[\cos\varphi-\cos(2\omega t-\varphi)]\mathrm{d}t=U_eI_e\cos\varphi \quad (9\text{-}19)$$

这里的 $\cos\varphi$ 叫作**功率因数**。在线圈或电容器中流过交流电流而没有电阻的情况下 $\varphi=\pm\pi/2$，平均功率为零，不消耗电能。在包含电阻 R 的 LCR 电路中，设电抗为 X，则有

$$\text{功率因数}=\frac{R}{\sqrt{R^2+X^2}},\quad X=\omega L-\frac{1}{\omega C} \quad (9\text{-}20)$$

在 LR 以及 CR 电路中的相位和功率因数的关系如图 9-13 所示。

MEMO 提示　作为电阻负载的白炽照明器具的功率因数是 100%，但日光灯内置电感和电容器件，功率因数为 60%~80%。

视在功率与有功功率

功率 U_eI_e 是表观值，称为视在功率，单位是伏安（VA）。有功功率是 $U_eI_e\cos\varphi$，而无功功率定义为 $U_eI_e\sin\varphi$（图 9-14），因此得到

$$(\text{视在功率})^2=(\text{有功功率})^2+(\text{无功功率})^2$$

$$\text{有功功率}=\text{视在功率}\times\text{功率因数}$$

交流电气设备的规模和价格取决于最大电压和最大电流，即由这二者乘积的视在功率值所决定的，因此尽量使功率因数接近于 1 很重要。

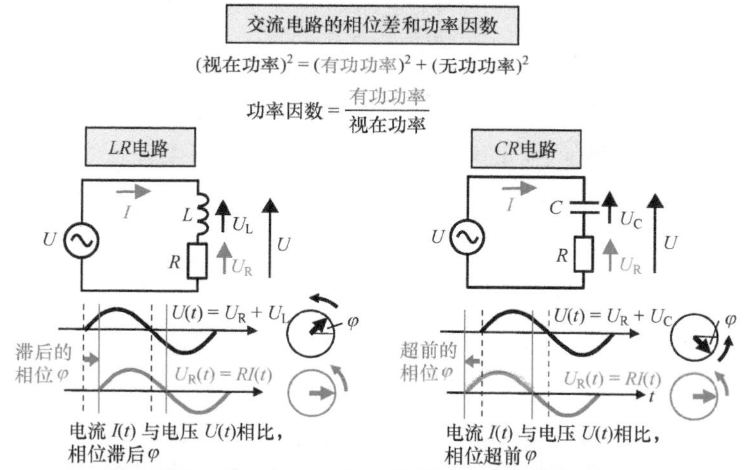

图 9-13

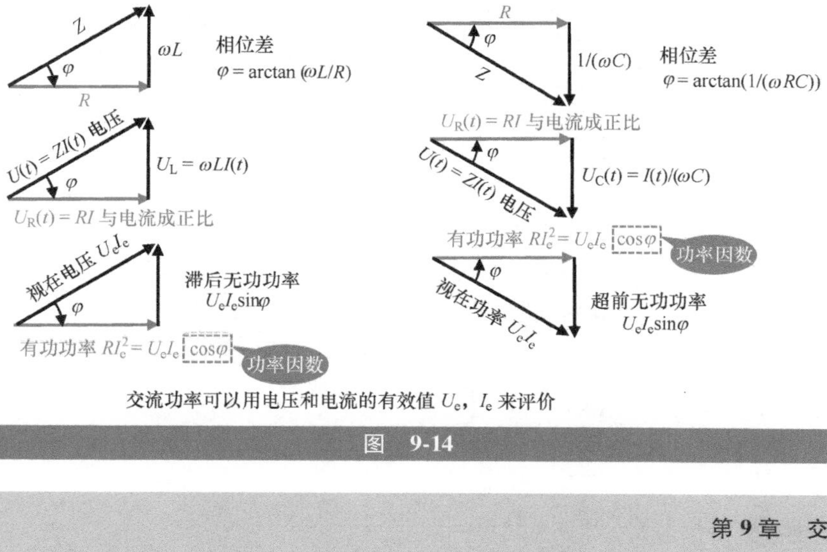

图 9-14

选择测试题

答案见 172 页

测试题 9.1　导线中的电子是以超高速移动的吗?

如果电压为 100V，约有几 A 的电流通过导线从插座传送到电器设备。这时，导线内的自由电子是以多快的速度从插座移动到电器设备的呢?

① 3×10^{8}m/s（光速）

② 约 10^{4}m/s（火箭速度）

③ 约 10m/s（100m 世界纪录）

④ 约 10^{-4}m/s（蜗牛的速度）

测试题 9.2　并联、串联，哪个灯泡暗一些?

如图所示，在 100V 电压的情况下将额定 40W 和 10W 的两个灯泡组合。一种是串联，另一种是并联，哪个灯泡是最暗的呢? 假设灯泡的电阻值不受温度影响。

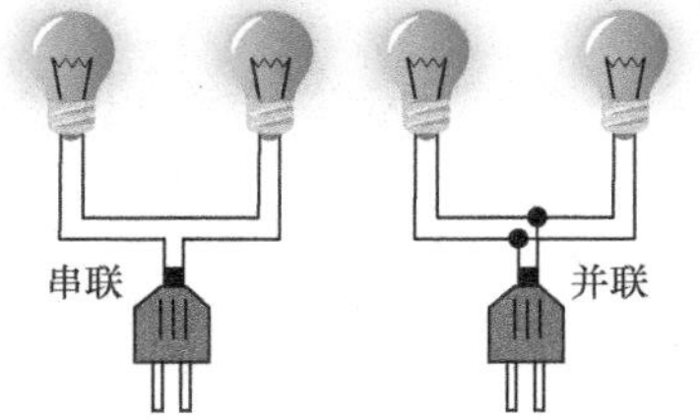

① A　② B　③ C　④ D

专栏9

为什么东西日本的用电频率有所不同

日本的供电频率，以静冈县富士川和新潟县丝鱼川为界，东日本是 50Hz，西日本是 60Hz。这是因为输电的历史可以追溯到明治 20 年的直流输电，之后随着需求的增大，在转换为电能损耗较小的高压交流输电时，东京电灯采用了德国 AEG 公司的 50Hz 发电机，大阪电灯采用了美国 GE 公司的 60Hz 发电机。在一个国家使用两个频率的只有日本，这导致了灾害时大量电能融通的障碍。假设要统一频率的话，虽然高频率一侧对于变压器的小型化有优势，但是目前改变现状是不现实的。

综合测试题

问题对应于各节的总结/答案见 172 页

9-1 面积为 $S(\mathrm{m}^2)$ 的 1 匝线圈在磁场 $B(\mathrm{T})$ 中以角速度 $\omega(\mathrm{rad/s})$ 旋转。在 $t=0$ 秒线圈平面与磁场正交时，穿过线圈的磁通量随时间变化是 $\Phi_B=$ [　　(单位)]，感应电动势是 $U=$ [　　(单位)]。

9-2 在三相交流电的接线方式中，有相电流和线电流相等的[　　]和相电压和线电压相等的[　　]。在前者中，线电压是相电压的[　　]倍，在后者中，[　　]是[　　]的 $\sqrt{3}$ 倍。

9-3 交流电压的有效值为 U_e 时，峰值 U_m 是[　　]。这是以将 $U(t)$ 二次方并按周期积分，再将其除以周期这个[　　]的方法求出来的。

9-4 若设交流电的频率为 $f(\mathrm{Hz})$，则角频率 ω 为[　　(单位)]，电感为 $L(\mathrm{H})$ 的线圈的阻抗 Z 是[　　(单位)]。它也叫作[　　(单位)]，它的耗电量是[　　]。

9-5 对于角频率为 ω 的交流电，电容为 $C(\mathrm{F})$ 的电容器的阻抗 Z 是[　　(单位)]，耗电量是[　　(单位)]。

9-6 在角频率为 ω 的交流电中，在 LCR 电路中的电抗 X 是[　　(单位)]，阻抗 Z 是[　　(单位)]，相位的延迟 φ 是[　　]。

9-7 纯电阻 R 和电抗 X 在交流电路中的功率因数 $\cos\varphi$ 是[　　]。当视在功率为 U_eI_e 时，无功功率是[　　]。

测试题答案

答案 9.1 ④

【解释】电流和水枪的原理相似，一个电子移动，就会传递给远处的电子。但电流并非通过碰撞而是作为电磁波的形式来传播的。

< 参考图：水枪的原理 >

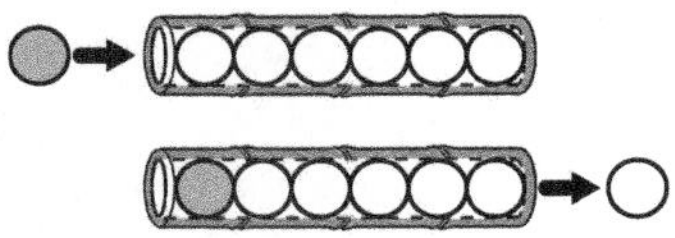

【参考】例如，实际的电子速度可由 $I=\Delta Q/\Delta t=nevS$ 来计算。横截面积为 $S=1\text{mm}^2$ 的铜线的最大允许电流为 10A，流过其十分之一的电流 $I=1\text{A}$ 时，铜的每单位体积的自由电子数 n 为 $8\times10^{28}\ \text{m}^{-3}$，因为一个电子的电量 e 的绝对值是 $1.6\times10^{-19}\text{C}$，所以电子的速度是 $v=I/(neS)\approx10^{-4}\text{m/s}$。

答案 9.2 ①

【解释】根据 $R=U^2/P$，在电压 $U=100\text{V}$ 下，额定电功率 P(W) 的灯泡的电阻 R(Ω) 是 40W250Ω，10W1000Ω。在串联电路中，总电阻为 1250Ω，所以在 100V 下，电流为 0.08A。因此，根据 $P=RI^2$，A 灯泡（250Ω）是 1.6W，B 灯泡（1000Ω）是 6.4W。在并联电路中，因为是额定耗电量，所以耗电量的大小为 A<B<D<C，亮度也是这个顺序。

综合测试题答案（满分 20 分，目标 14 分以上）

(9-1) $\Phi_B=BS\cos\omega t$(Wb)，$U=BS\omega\sin\omega t$(V)

(9-2) 星形联结，三角形联结，$\sqrt{3}$，线电流，相电流

(9-3) $\sqrt{2}U_e$，方均根（RMS）

(9-4) $2\pi f$(rad/s)，ωL(Ω)，感性电抗，0(W)

(9-5) $1/(\omega C)$(Ω)，0(W)

(9-6) $L\omega-1/(\omega C)$(Ω)，$\sqrt{R^2+X^2}$(Ω)，$\arctan(R/Z)$

(9-7) $R/\sqrt{R^2+X^2}$，$U_eI_e\sin\varphi$

第 10 章

<电磁方程式篇>

麦克斯韦方程

麦克斯韦方程组是电磁学的基础公式。第 10 章将给出这个基础方程式的积分形式，并利用数学中的散度定理和旋度定理将其转化为微分形式。可以将麦克斯韦方程组概括为包括散度运算符的电场和磁场的静态方程，以及包括旋度运算符的电场和磁场随时间变化的方程。

位移电流的引入

电流一定会形成闭合回路。在包含电容器的电路中，导线的传导电流和电容器内部的位移电流形成一个闭合回路。

电磁学的系统化

英国科学家麦克斯韦于1864年将电磁现象系统化，总结为四个电磁方程，分别概括了库仑定律、高斯定理（磁通守恒定律）、安培环路定理和法拉第电磁感应定律。在这里，麦克斯韦有两个贡献，一是通过引入位移电流扩展了安培环路定理，二是预言了电磁波的存在（图10-1）。

电容器内的位移电流产生的磁场

根据安培环路定理，电流产生的磁场可以表示为：沿着闭合曲线 C 对磁场分量进行环路线积分，结果等于曲线 C 所包围的电流 I，即

$$\oint_C \boldsymbol{H} \cdot \mathrm{d}\boldsymbol{l} = \int_S \boldsymbol{j} \cdot \mathrm{d}\boldsymbol{S} = I \tag{10-1}$$

电流值 I 由闭合曲线 C 规定的任何曲面 S 处的曲面积分给出，如果电路中间有电容器（图10-2），通过电容器内部的曲面 S_2 处的面积分却为零，那么会产生矛盾。在有电流的情况下，电容器中的电场依照移动的电荷而随时间变化。假设电容器的电荷为 Q(C)，极板面积为 S（m^2），则电通量密度为 $D(\mathrm{C/m^2}) = -Q/S$。当有电流流过时，电

MEMO 提示　位移电流（displacement current）与传导电流不同，它不是电荷运动引起的电流，而是电通量随时间变化而产生的表观电流。

容器的电荷减少，因此，设图中电流 I 的方向为正，则有

$$I_{\mathrm{d}}(t) = -\frac{\mathrm{d}Q(t)}{\mathrm{d}t} = S\frac{\mathrm{d}D(t)}{\mathrm{d}t} \qquad (10\text{-}2)$$

将此式代入式（10-1）中就成为扩展的安培环路定理。这里的 $I_{\mathrm{d}}(t)$（单位 A）称为位移电流（电通量电流）。

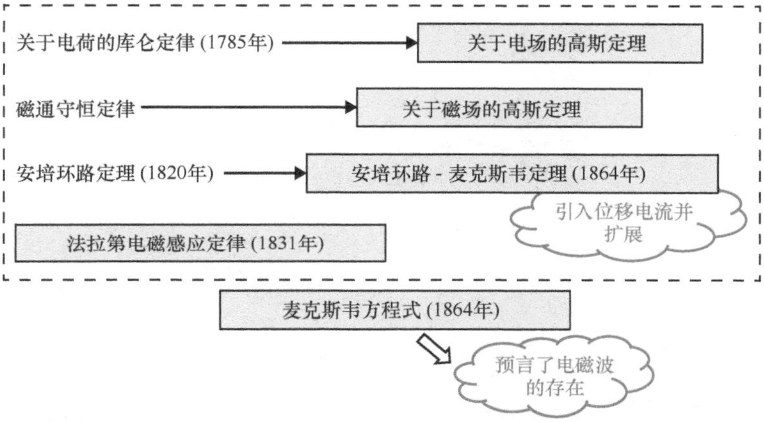

图　10-1

位移电流

$$I_{\mathrm{d}}(t) = -\frac{\mathrm{d}Q(t)}{\mathrm{d}t} = S\frac{\mathrm{d}D(t)}{\mathrm{d}t}$$

位移电流密度

$$j_{\mathrm{d}}(t) = \frac{\mathrm{d}D(t)}{\mathrm{d}t}$$

$$\oint_C \boldsymbol{H} \cdot \mathrm{d}\boldsymbol{l} = \int_S \boldsymbol{j} \cdot \mathrm{d}\boldsymbol{S} = I$$

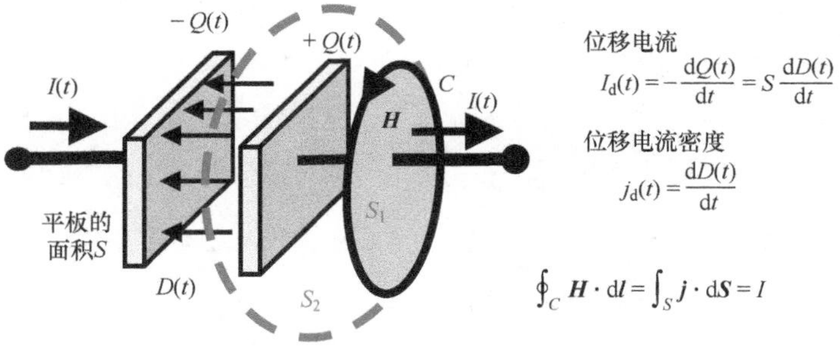

安培环路定理的扩展
S_1 曲面上沿着曲线 C 的环路线积分与传导电流 $I(t)$ 成正比
S_2 曲面上沿着曲线 C 的环路线积分与位移电流 $I_{\mathrm{d}}(t)$ 成正比，
　　位移电流 $I_{\mathrm{d}}(t)$ 与电通量密度 $D(t)$ 的时间的变化率成正比

图　10-2

10-2 <电磁方程式篇>

扩展的安培环路定理

将位移电流作为电通量的时间变化率，引入安培环路定理中，从而可以将磁场和电流之间的关系扩展为广义化的形式。

包含位移电流的定理

在式（10-2）中，位移电流密度 $\boldsymbol{j}_{\mathrm{d}}(t,\boldsymbol{r})$ 是用 I_{d} 除以面积 S 得到的，因此有

$$\boldsymbol{j}_{\mathrm{d}}(t,\boldsymbol{r})=\frac{\partial \boldsymbol{D}(t,\boldsymbol{r})}{\partial t} \tag{10-3}$$

电场 $\boldsymbol{D}$ 是时间和空间坐标的函数，式（10-3）的微分是关于时间的偏微分（空间坐标视为常数，仅对时间进行微分）。

安培环路定理总结了电流和磁场强度之间的关系，然而，除了传导电流密度之外，位移电流（电通量密度的变化率）也会产生磁场。设电流密度为 $\boldsymbol{j}(\mathrm{A/m^2})$，磁场强度为 $\boldsymbol{H}(\mathrm{A/m})$，引入位移电流密度 $\partial \boldsymbol{D}/\partial t$ 的扩展的安培环路定理（安培·麦克斯韦定理）的积分形式和微分形式如下（图 10-3）：

$$\oint_C \boldsymbol{H}\cdot \mathrm{d}\boldsymbol{l}=\int_S\left(\boldsymbol{j}+\frac{\partial}{\partial t}\boldsymbol{D}\right)\cdot \mathrm{d}\boldsymbol{S} \tag{10-4}$$

$$\nabla\times\boldsymbol{H}=\boldsymbol{j}+\frac{\partial}{\partial t}\boldsymbol{D} \tag{10-5}$$

电荷守恒定律

可以从扩展的安培环路定理导出电荷守恒定律（图 10-4）。考虑

MEMO 提示　安培环路定理用来描述静磁场与定常（稳态）电流的关系。将其扩展为时变电磁场的关系，即安培·麦克斯韦定理。

在式（10-5）的两边做散度（$\nabla\cdot$）运算，利用向量恒等式 $\nabla\cdot\nabla\times\boldsymbol{H}=0$ 和高斯定理 $\nabla\cdot\boldsymbol{D}=\rho_e$，并借助于引入的位移电流，得到

$$\partial\rho_e/\partial t+\nabla\cdot\boldsymbol{j}=0 \tag{10-6}$$

这就是电荷守恒定律。

安培环路定理

$$\oint_C \boldsymbol{H}\cdot d\boldsymbol{l}=\int_S \boldsymbol{j}\cdot d\boldsymbol{S}$$

广义化的安培环路定理

$$\oint_C \boldsymbol{H}\cdot d\boldsymbol{l}=\int_S \left(\boldsymbol{j}+\frac{\partial}{\partial t}D\right)\cdot d\boldsymbol{S} \quad \text{(积分型)}$$

运用斯托克斯旋度定理

$$\oint_C \boldsymbol{H}\cdot d\boldsymbol{l}=\int_S (\nabla\times\boldsymbol{H})\cdot d\boldsymbol{S}$$

得到 $\nabla\times\boldsymbol{H}=\boldsymbol{j}+\frac{\partial}{\partial t}D$ (微分型)

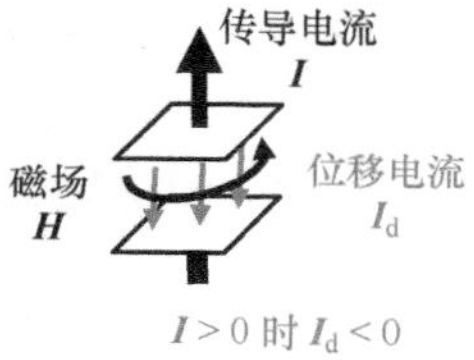

图 10-3

广义化了的安培环路定理

$$\nabla\times\boldsymbol{H}=\boldsymbol{j}+\frac{\partial}{\partial t}D$$

$\nabla\cdot D=\rho_e$ (高斯定理)

$\nabla\cdot\nabla\times\boldsymbol{H}=0$ (恒等式)

$$\nabla\cdot\nabla\times\boldsymbol{H}=\nabla\cdot\boldsymbol{j}+\frac{\partial}{\partial t}\nabla\cdot D=\nabla\cdot\boldsymbol{j}+\frac{\partial}{\partial t}\rho_e=0$$

时变电流的电荷守恒定律

$$\boxed{\frac{\partial}{\partial t}\rho_e+\nabla\cdot\boldsymbol{j}=0}$$

$\rho_e=-ne$

$\boldsymbol{j}=\rho_e\boldsymbol{v}$

稳定电流的电荷守恒定律

$\nabla\cdot\boldsymbol{j}=0$

【参考】
当流体以不变的速度移动时，
密度变化为

$$\frac{d}{dt}\rho_e\equiv\frac{\partial}{\partial t}\rho_e+\nabla\rho_e\cdot\boldsymbol{v}=-\rho_e\nabla\cdot\boldsymbol{v}$$

这里使用的是连续式
(电荷守恒定律)。
对于密度恒定的流体 (不可压缩流体)，
上式左边 =0，因此 $\nabla\cdot\boldsymbol{v}=0$

图 10-4

第 10 章

10-3 <电磁方程式篇>

麦克斯韦方程的积分形式一

麦克斯韦的电磁方程组由四个方程式组成。本节归纳了关于静电场和静磁场与高斯定理相关的两个积分形式的方程式。

关于电场的高斯定理（库仑定律）

电通量在有电荷的地方产生和消失，在其他地方的电通量守恒（图 10-5）。这是库仑定律，也是高斯关于电荷的定律。由于电荷发出的电通量取决于电荷量，因此用电通量密度 $\boldsymbol{D}$（C/m^2）表示进出一个封闭曲面 $\boldsymbol{S}$ 的电通量。电荷密度 ρ_e（C/m^3）表示该封闭曲面内的体积 V 所拥有的电荷量，其关系式表示为

$$\int_S \boldsymbol{D} \cdot \mathrm{d}\boldsymbol{S} = \int_V \rho_e \mathrm{d}V = Q \tag{10-7}$$

最简单的情况是球形电场，电荷 Q（C）位于半径为 r（m）的球面 S 的中心，因为球体的表面积为 $4\pi r^2$，D 值是均匀的，因此可以得到 $4\pi r^2 D = Q$ 的表达式。

关于磁场的高斯定理（磁通守恒定律）

与电力线不同，磁力线没有发出或进入（图 10-6）。这意味着对电而言，存在单独的正、负电荷；而对磁而言，不能取出 N 极或 S 极的单独磁荷，即没有所谓的磁单极子（monopole）。因此，磁通进入一个封闭曲面必须原样穿出这个曲面。当磁通密度 $\boldsymbol{B}$（Wb/m^2）的磁场，

MEMO 提示　对于电场和磁场的高斯定理都是用任意闭合曲面的面积来表示的，这与电通量和磁通量的守恒定律有关。

穿过任意的闭合曲面 $\boldsymbol{S}$ 时，在面元的法线方向上的投影 $\boldsymbol{B}\cdot\mathrm{d}\boldsymbol{S}$ 的曲面积分结果为零，即

$$\int_S \boldsymbol{B}\cdot\mathrm{d}\boldsymbol{S}=0 \tag{10-8}$$

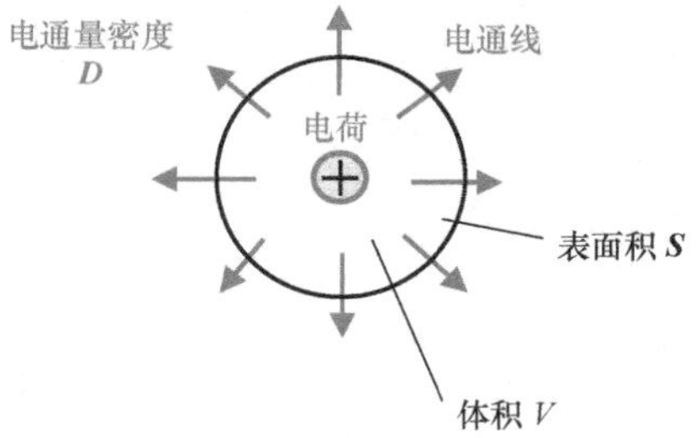

$$\int_S \boldsymbol{D}\cdot\mathrm{d}\boldsymbol{S}=\int_V \rho_e \mathrm{d}V$$

电通量出入量之差在于正负电荷的数量差

图 10-5

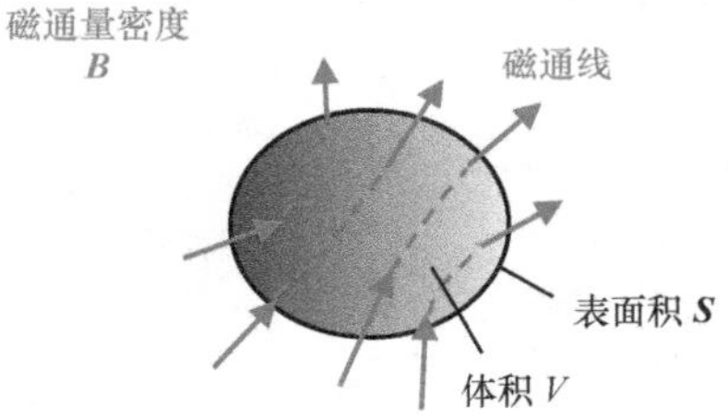

$$\int_S \boldsymbol{B}\cdot\mathrm{d}\boldsymbol{S}=0$$

磁通线出入之和为零

图 10-6

第10章

10-4 <电磁方程式篇>

麦克斯韦方程的积分形式二

随时间变化的电场会产生磁场，随时间变化的磁场会产生电场。本节将总结前节余下的两个方程式。

安培-麦克斯韦定理

电流产生磁效应即奥斯特定律，这已是众所周知。电流和磁场强度在数量上的一般关系被总结成安培环路定理。除了通常的电流之外，扩展的思路认为位移电流（随时间变化的电通量密度）也会产生磁场。引入位移电流$\partial \boldsymbol{D}/\partial t$后安培环路定理被广义化，改称为安培-麦克斯韦定理，即以任意闭合路径 C 对磁场强度 $\boldsymbol{H}$（A/m）的线积分和由闭合路径确定的任意曲面上对电流密度 $\boldsymbol{j}$（$\mathrm{A/m^2}$）的曲面积分是等效的（图 10-7），即

$$\oint_C \boldsymbol{H}\cdot \mathrm{d}\boldsymbol{l}=\int_S\left(\boldsymbol{j}+\frac{\partial}{\partial t}\boldsymbol{D}\right)\cdot \mathrm{d}\boldsymbol{S} \tag{10-9}$$

法拉第电磁感应定律

磁通密度随时间变化$\partial \boldsymbol{B}/\partial t$，可以产生电场 $\boldsymbol{E}$，这就是法拉第电磁感应定律。如果用与式（10-9）相同的积分形式表示，就会得到（图 10-8）

$$\oint_C \boldsymbol{E}\cdot \mathrm{d}\boldsymbol{l}=\int_S\left(\frac{\partial}{\partial t}\boldsymbol{B}\right)\cdot \mathrm{d}\boldsymbol{S} \tag{10-10}$$

包括 10-3 节的四个麦克斯韦的方程式在内，在均匀的介质中，利

MEMO 提示　安培·麦克斯韦定理和法拉第电磁感应定律被用作电场和磁场随时间变化的关系式。

用电通量密度 $\boldsymbol{D}$ 和电场强度 $\boldsymbol{E}$ 的关系，以及磁通密度 $\boldsymbol{B}$ 和磁场强度 $\boldsymbol{H}$ 的关系，使用介电常数 ε 和磁导率 μ，可以写出下列等式：

$$\boldsymbol{D}=\varepsilon\boldsymbol{E} \tag{10-11}$$

$$\boldsymbol{B}=\mu\boldsymbol{H} \tag{10-12}$$

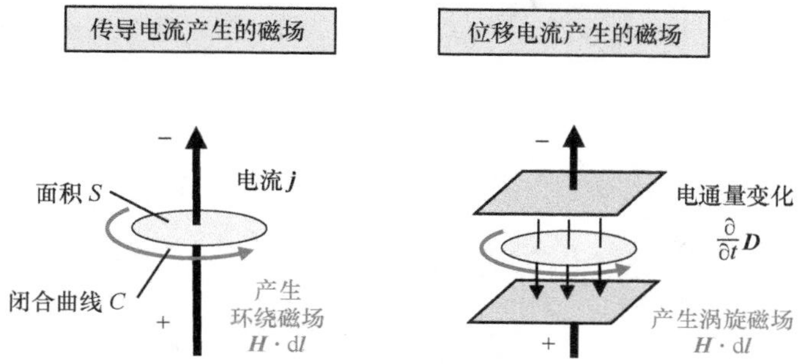

$$\oint_C \boldsymbol{H}\cdot \mathrm{d}\boldsymbol{l}=\int_S\left(\boldsymbol{j}+\frac{\partial}{\partial t}\boldsymbol{D}\right)\cdot \mathrm{d}\boldsymbol{S}$$

图 10-7

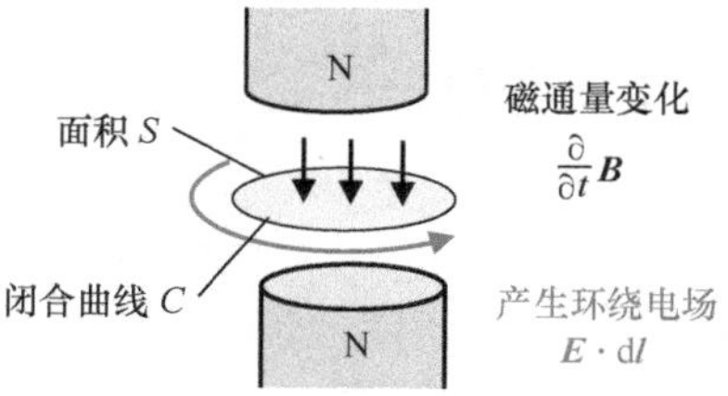

$\boldsymbol{D}=\varepsilon\boldsymbol{E}$

$\boldsymbol{B}=\mu\boldsymbol{H}$

ε、μ 在真空中的数值是 ε_0、μ_0，通常需要借助张量来表示

$$\oint_C \boldsymbol{E}\cdot \mathrm{d}\boldsymbol{l}=\int_S\left(\frac{\partial}{\partial t}\boldsymbol{B}\right)\cdot \mathrm{d}\boldsymbol{S}$$

图 10-8

第10章

高斯散度定理

为了将麦克斯韦方程的积分形式转化为微分形式，利用了两个数学定理，现在来理解其中之一的高斯散度定理。

高斯散度定理（数学定理）

在向量分析中，运算符 $\boldsymbol{\nabla}$ 和向量 $\boldsymbol{A}$ 构成向量内积的 $\boldsymbol{\nabla}\cdot\boldsymbol{A}$ 称为散度，记作 div$\boldsymbol{A}$。它是描述向量 $\boldsymbol{A}$ 的发散（涌出或吸入）程度。另外，下一节将说明的向量外积 $\boldsymbol{\nabla}\times\boldsymbol{A}$，称为旋度，记作 rot$\boldsymbol{A}$，它表示向量 $\boldsymbol{A}$ 产生涡旋的情况。

对于向量散度的体积积分，有高斯散度定理，其内容是“在封闭曲面 S 包围的区域 V 中，对于向量场 $\boldsymbol{A}$ 的散度的体积积分，等于向量场 $\boldsymbol{A}$ 在封闭曲面 S 上的面积分”，用数学式表达则是

$$\int_V \boldsymbol{\nabla}\cdot\boldsymbol{A}\,\mathrm{d}V=\int_S \boldsymbol{A}\cdot\mathrm{d}\boldsymbol{S} \tag{10-13}$$

如果用正交坐标表示，就成为

$$\boldsymbol{\nabla}\cdot\boldsymbol{A}=\begin{pmatrix}\dfrac{\partial}{\partial x}\\ \dfrac{\partial}{\partial y}\\ \dfrac{\partial}{\partial z}\end{pmatrix}\cdot\begin{pmatrix}A_x\\ A_y\\ A_z\end{pmatrix}=\frac{\partial A_x}{\partial x}+\frac{\partial A_y}{\partial y}+\frac{\partial A_z}{\partial z} \tag{10-14}$$

MEMO 提示　卡尔·弗里德里希·高斯（1777—1855 年）在数学、天文学、电磁学等多个领域创立很多业绩。

算子 div 表示流出（或流入）的向量是多少。数学证明请参照图 10-9。

散度计算的意义

在电场 $\boldsymbol{E}$ 的情况下，如果 $\nabla\cdot\boldsymbol{E}>0$，则意味着电力线在涌出，如果 $\mathrm{div}\boldsymbol{E}<0$，则意味着电力线正在被吸入。式（10-13）的左边是向量的流入、流出的体积积分，右边表示来自表面的向量的流入、流出，在数学上表示这两者是平衡的。根据这个散度定理，可将麦克斯韦方程组的积分形式推导出微分形式（图 10-10）。

$$\int_V \mathrm{div}\boldsymbol{A}\mathrm{d}V \int_S \boldsymbol{A}\cdot\mathrm{d}\boldsymbol{S}$$

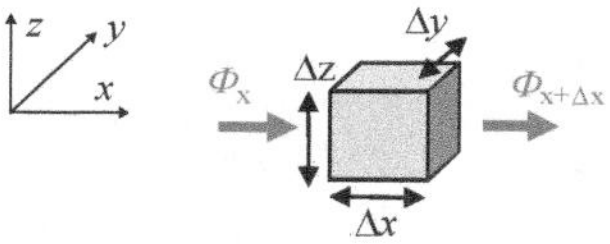

自 x 和 $x+\Delta x$ 一面的流出之差为

$$\Phi_{x+\Delta x}-\Phi_x=\left(\frac{\partial E_x}{\partial x}\Delta x\right)\Delta y\Delta z$$

注意到 $\Phi_x=\Delta E_x(x,y,z)\,\Delta y\Delta z$

$$\Phi_{x+\Delta x}=\Delta E_x(x+\Delta x,y,z)\,\Delta y\Delta z$$

通过泰勒展开 $\Delta E_x(x+\Delta x,y,z)\approx\Delta E_x(x,y,z)+\dfrac{\partial E_x}{\partial x}\Delta x$ 可得上式

同样地可以评估 zx 一面、xy 一面流出的电场标量如下：

$$\begin{aligned}\mathrm{d}\Phi&=\left(\frac{\partial E_x}{\partial x}\Delta x\right)\Delta y\Delta z+\left(\frac{\partial E_y}{\partial y}\Delta y\right)\Delta z\Delta x+\left(\frac{\partial E_z}{\partial z}\Delta z\right)\Delta x\Delta y\\&=\left(\frac{\partial E_x}{\partial x}+\frac{\partial E_y}{\partial y}+\frac{\partial E_z}{\partial z}\right)\Delta x\Delta y\Delta z=\nabla\cdot\boldsymbol{E}\ \Delta V\end{aligned}$$

将这些微小体积的流出流入相加，相邻的流出和流入就会抵消，只剩下来自周边部分面上的流出

高斯散度定理的左边是作为微小体积累计的体积积分，右边表示从表面流出的量

图 10-9

电场的高斯定理

$$\int_S \boldsymbol{D}\cdot\mathrm{d}\boldsymbol{S}=\int_V \rho_e\mathrm{d}V$$

高斯散度定理

$$\int_V \nabla\cdot\boldsymbol{D}\mathrm{d}V=\int_S \boldsymbol{D}\cdot\mathrm{d}\boldsymbol{S}$$

电场的高斯定理（微分形式）

$$\nabla\cdot\boldsymbol{D}=\rho_e$$

磁场的高斯定理

$$\int_S \boldsymbol{B}\cdot\mathrm{d}\boldsymbol{S}=0$$

高斯散度定理

$$\int_V \nabla\cdot\boldsymbol{B}\mathrm{d}V=\int_S \boldsymbol{B}\cdot\mathrm{d}\boldsymbol{S}$$

磁场的高斯定理（微分形式）

$$\nabla\cdot\boldsymbol{B}=0$$

图 10-10

10-6 <电磁方程式篇>

斯托克斯旋度定理

另一个重要的定理是斯托克斯旋转定理，这个定理与涡旋和环绕线积分有关。

斯托克斯旋度定理

为了评估向量 $\boldsymbol{A}$ 的涡旋，要用 ∇ 算子来计算向量的叉积 $\nabla \times \boldsymbol{A}$，这就是旋度（**rotation**），也可以写成 rot$\boldsymbol{A}$、curl$\boldsymbol{A}$。对于向量的旋度做曲面积分，这就是斯托克斯定理。其内容是“向量场 $\boldsymbol{A}$ 在以闭合曲线 C 为边界的曲面 $\boldsymbol{S}$ 上的旋度的面积分，等于向量场 $\boldsymbol{A}$ 在闭合曲线 C 上的线积分”。

$$\int_S \nabla \times \boldsymbol{A} \cdot \mathrm{d}\boldsymbol{S} = \int_C \boldsymbol{A} \cdot \mathrm{d}\boldsymbol{l} \qquad (10\text{-}15)$$

为了理解式（10-15）的意义，需要考虑在 xy 面上的微小四边形面元上的环绕积分（图 10-11）。如图 10-11 所示，这个线积分就是在 $\nabla \times \boldsymbol{A}$ 这个垂直于 z 轴的平面上的面积。同样地对 yz 面、zx 面也可以评估，如果将其对曲面 $\boldsymbol{S}$ 取总和，就会变成式（10-15）的左边。另一方面，如果将小面元上的环绕线积分相加，相邻的线积分就会消失，只剩下周边的贡献，这就是等式的右边，相当于涡旋的计算。

斯托克斯旋度定理及其应用

运用电场和磁场的高斯定理和高斯散度定理可将积分形式的麦克

MEMO 提示　乔治·加布里埃尔·斯托克斯（1819—1903 年）是爱尔兰的数学家和物理学家，因黏性流体的研究而著名。

斯韦方程式转换成微分形式。

对于表示安培·麦克斯韦定理和法拉第电磁感应定律的另外两个方程式，通过上述的斯托克斯旋度定理可以把积分形式转换成为微分形式（图 10-12）。这里利用了将环绕线积分变换为以该环绕曲线为边界的任意曲面的面积分。

$$\int_S \mathrm{rot}\,\boldsymbol{A}\cdot \mathrm{d}\boldsymbol{S}=\int_C \boldsymbol{A}\cdot \mathrm{d}\boldsymbol{l}$$

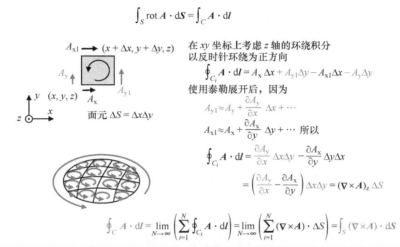

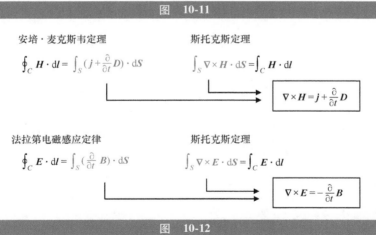

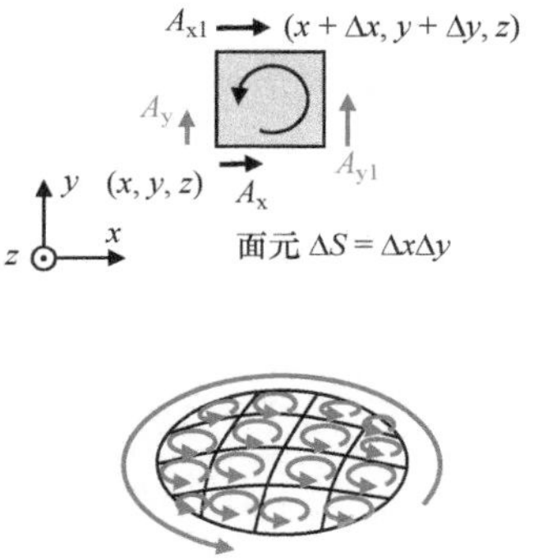

在 xy 坐标上考虑 z 轴的环绕积分

以反时针环绕为正方向

$$\oint_{C_i}\boldsymbol{A}\cdot \mathrm{d}\boldsymbol{l}=A_x\Delta x+A_{y1}\Delta y-A_{x1}\Delta x-A_y\Delta y$$

使用泰勒展开后，因为

$$A_{y1}\approx A_y+\frac{\partial A_y}{\partial x}\Delta x+\cdots$$

$$A_{x1}\approx A_x+\frac{\partial A_x}{\partial y}\Delta y+\cdots \text{ 所以}$$

$$\oint_{C_i}\boldsymbol{A}\cdot \mathrm{d}\boldsymbol{l}=\frac{\partial A_y}{\partial x}\Delta x\Delta y-\frac{\partial A_x}{\partial y}\Delta y\Delta x$$

$$=\left(\frac{\partial A_y}{\partial x}-\frac{\partial A_x}{\partial y}\right)\Delta x\Delta y=(\nabla\times\boldsymbol{A})_z\,\Delta S$$

$$\oint_C \boldsymbol{A}\cdot \mathrm{d}\boldsymbol{l}=\lim_{N\to\infty}\left(\sum_{i=1}^{N}\oint_{C_i}\boldsymbol{A}\cdot \mathrm{d}\boldsymbol{l}\right)=\lim_{N\to\infty}\left(\sum_{i=1}^{N}(\nabla\times\boldsymbol{A})\cdot\Delta \boldsymbol{S}\right)=\int_S(\nabla\times\boldsymbol{A})\cdot \mathrm{d}\boldsymbol{S}$$

图 10-11

安培·麦克斯韦定理

$$\oint_C \boldsymbol{H}\cdot \mathrm{d}\boldsymbol{l}=\int_S\left(\boldsymbol{j}+\frac{\partial}{\partial t}\boldsymbol{D}\right)\cdot \mathrm{d}\boldsymbol{S}$$

斯托克斯定理

$$\int_S \nabla\times\boldsymbol{H}\cdot \mathrm{d}\boldsymbol{S}=\int_C \boldsymbol{H}\cdot \mathrm{d}\boldsymbol{l}$$

$$\nabla\times\boldsymbol{H}=\boldsymbol{j}+\frac{\partial}{\partial t}\boldsymbol{D}$$

法拉第电磁感应定律

$$\oint_C \boldsymbol{E}\cdot \mathrm{d}\boldsymbol{l}=\int_S\left(\frac{\partial}{\partial t}\boldsymbol{B}\right)\cdot \mathrm{d}\boldsymbol{S}$$

斯托克斯定理

$$\int_S \nabla\times\boldsymbol{E}\cdot \mathrm{d}\boldsymbol{S}=\int_C \boldsymbol{E}\cdot \mathrm{d}\boldsymbol{l}$$

$$\nabla\times\boldsymbol{E}=-\frac{\partial}{\partial t}\boldsymbol{B}$$

图 10-12

10-7 <电磁方程式篇>

麦克斯韦方程的微分形式

利用前两节讲述的高斯散度定理和斯托克斯旋度定理，可将麦克斯韦方程式的积分形式变换成为局域方程的微分形式。

麦克斯韦方程的总结

麦克斯韦方程组由四个方程式构成，可以从 10-3 节和 10-4 节所叙述的积分形式，变换成为以下的微分形式：

$$\nabla \cdot \boldsymbol{D}=\rho_{\mathrm{e}} \tag{10-16}$$

$$\nabla \cdot \boldsymbol{B}=0 \tag{10-17}$$

$$\nabla \times \boldsymbol{H}=\boldsymbol{j}+\frac{\partial}{\partial t}\boldsymbol{D} \tag{10-18}$$

$$\nabla \times \boldsymbol{E}=-\frac{\partial}{\partial t}\boldsymbol{B} \tag{10-19}$$

前两个散度方程式相当于电场的高斯定律（库仑定律）和磁场的高斯定理（磁通守恒定律）。后两个旋度方程式相当于安培-麦克斯韦定理和法拉第电磁感应定律（图 10-13 和图 10-14）。在均匀介质中，可通过介电常数 ε、磁导率 μ 给出以下公式：

$$\boldsymbol{D}=\varepsilon\boldsymbol{E}, \quad \boldsymbol{B}=\mu\boldsymbol{H} \tag{10-20}$$

基础方程式和未知数

电磁场可以由 $\boldsymbol{E}$（或 $\boldsymbol{D}$）和 $\boldsymbol{B}$（或 $\boldsymbol{H}$）的 2×3 个分量=6 个未知

MEMO 提示　微观上的基础方程式中具有时间反演对称性，在欧姆定律和熵增宏观定律中时间反演对称性并不成立。

分量来规定。另一方面，基础方程可以给出电荷密度 ρ_e 和电流密度 $\boldsymbol{j}$，生成标量积方程（高斯定理）的两个和向量积方程（广义安培环路定理和电磁感应定律）的 2×3 个分量。这共计 8 个方程，有两个方程被认为是冗余的。实际上，两个散度方程可以用作向量随时间变化方程的 6 个未知数方程的边界条件。

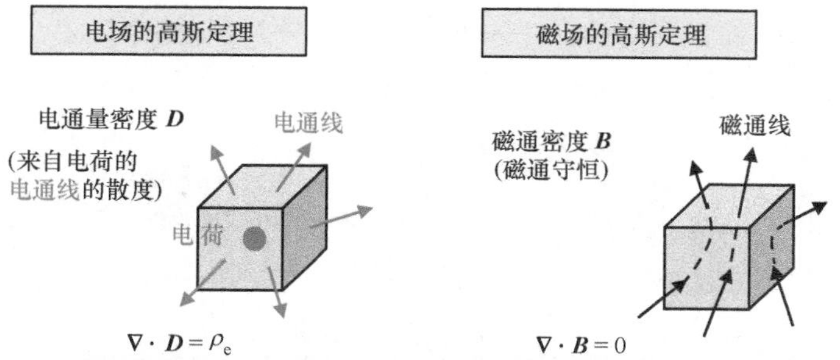

图 10-13

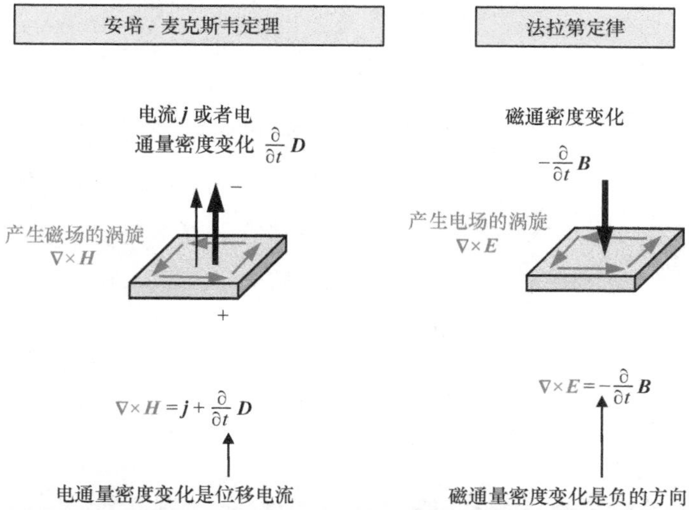

图 10-14

选择测试题

答案见 190 页

测试题 10.1　磁单极的麦克斯韦方程是哪个？

磁单极子（磁单极）在现实中还没有被确认，但假设它存在，试考虑以下四个麦克斯韦方程中的哪一个应该如何改变？（可多项选择）

① $\nabla \cdot \boldsymbol{D}=\rho_e$　② $\nabla \cdot \boldsymbol{B}=0$　③ $\nabla \times \boldsymbol{H}=\boldsymbol{j}+\partial \boldsymbol{D}/\partial t$　④ $\nabla \times \boldsymbol{E}=-\partial \boldsymbol{B}/\partial t$

测试题 10.2　电场和磁场的时间反转对称性是什么？

将空间坐标 r 换成 $-r$ 的操作称为空间反转，将时间坐标 t 换成 $-t$ 的操作称为时间反转。对电荷密度 $\rho(r,t)$ 做空间反转同时做时间反转的操作，而原结果不变。如果实施时间反转的操作，电场 $\boldsymbol{E}(r,t)$ 和磁场 $\boldsymbol{B}(r,t)$ 将如何变化呢？

① 电场反转　② 磁场反转　③ 电场和磁场都反转　④ 不反转

【提示】试以麦克斯韦方程为基础进行思考。

专栏10

磁单极子存在吗

系统性描述了电场和磁场的麦克斯韦方程组显示出高度的对称性，但是电场和磁场的性质有差异。电场可以由电荷形成，但是磁场没有对应的源（单极的磁荷，磁单极）。磁场中可以有电流，但是电场中没有相对应的磁流。最近有人指出，宇宙初期大爆炸的膨胀过程（相变）中可能产生了点状缺损的磁单极（单极子）。虽然我们身边不存在，但是，也许会出现在宇宙中的宇宙射线中。现在，人们仍在继续寻找磁单极子。

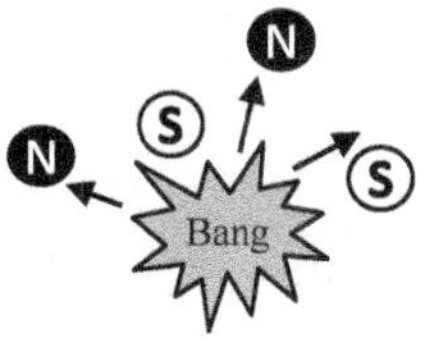

综合测试题

问题对应于各节的总结/答案见 190 页

10-1 面积为 $S(\mathrm{m}^2)$ 的平行平板电容器的电通量密度 $\boldsymbol{D}(\mathrm{C/m}^2)$ 变化时，位移电流可以定义为 [$I_d =$ （单位）]。由于位移电流的导入，[（人名）] 的定律被广义化了。

10-2 电通量密度 $\boldsymbol{D}(\mathrm{C/m}^2)$，位移电流密度 [$\boldsymbol{j}_d =$ （单位）]。将其导入后的 [（人名）] 定律，相当于 [ ] 的守恒定律。

10-3 关于电场的高斯定理的积分形式是 [=]，关于磁场的高斯定理的积分形式是 [=]。后者相当于 [ ] 的守恒定律。

10-4 安培 · 麦克斯韦定理的积分形式是 [=]，法拉第电磁感应定律的积分形式是 [=]。

10-5 向量 $\boldsymbol{A}$ 的 $\nabla \cdot \boldsymbol{A}$ 称为 [ ]。"在被闭曲面 S 包围的区域 V 中的向量场 $\boldsymbol{A}$ 的 $\nabla \cdot \boldsymbol{A}$ 的体积积分等于向量场 $\boldsymbol{A}$ 在闭曲面 S 上的面积分"是 [（人名）] 定理，用数学公式可以写成 [=]。

10-6 向量 $\boldsymbol{A}$ 的 $\nabla \times \boldsymbol{A}$ 称为 [ ]。"在以闭曲线 C 为边界的曲面 S 上的向量场 $\boldsymbol{A}$ 的 $\nabla \times \boldsymbol{A}$ 面积分等于向量场 $\boldsymbol{A}$ 在闭曲线 C 上的线积分"是 [（人名）] 定理，用数学公式可以写成 [=]。

10-7 麦克斯韦方程的微分形式是 [=]、[=]、[=]、[=]。

第10章

测试题答案

答案 10.1 在②的右边加上磁荷密度。④的右边加上磁流密度项。

【解释】假设磁荷密度为ρ_m和磁流密度为$\boldsymbol{j}_m$，并设$\nabla\cdot\boldsymbol{D}=\rho_e$，$\nabla\cdot\boldsymbol{B}=\rho_m$，$\nabla\times\boldsymbol{H}=\boldsymbol{j}+\partial\boldsymbol{D}/\partial t$，$\nabla\times\boldsymbol{E}=-\boldsymbol{j}_m-\partial\boldsymbol{B}/\partial t$ 电场和磁场是对称的（狄拉克的理论）。使用变更后的两个式子和向量恒等式$\nabla\cdot\nabla\times\boldsymbol{E}=0$，还可以得到磁荷守恒定律$\partial\rho_m/\partial t+\nabla\cdot\boldsymbol{j}_m=0$。单极子或许存在于宇宙中某个地方。

答案 10.2 ②

【解释】在电场的高斯定理中，即使让时间反转，电场$\boldsymbol{E}(r,t)$的符号也不会反转（空间反转电场也会反转）。根据扩展的安培环路定理得到的电荷守恒定律的式（10-6），如果让时间反转，则电流密度$\boldsymbol{j}(r,t)$的符号就会反转。因此，由电流产生的磁场也会反转。根据法拉第电磁感应定律也可以得到磁场的时间反转。从而保持了麦克斯韦方程组本身的时间反转对称性。同样，洛伦兹力也保持对称性。

【参考】一般来说，在微观体系中时间反转对称性是成立的。对于因碰撞而产生的阻力为基础的宏观多元系统，欧姆定律不支持时间反转对称性。顺便说一下，在空间反转中，电场是反转的，而磁场是不变的；在时间和空间一同反转时，电场和磁场都会反转。

综合测试题答案（满分 20 分，目标 14 分以上）

(10-1) $\boldsymbol{I}_d=S\mathrm{d}\boldsymbol{D}(t)/\mathrm{d}t(\mathrm{A})$，安培

(10-2) $\boldsymbol{j}_d=\partial\boldsymbol{D}/\partial t(\mathrm{A/m^2})$，安培-麦克斯韦定理，电荷

(10-3) $\int_S\boldsymbol{D}\cdot\mathrm{d}\boldsymbol{S}=\int_V\rho_e\mathrm{d}V=Q$，$\int_S\boldsymbol{B}\cdot\mathrm{d}\boldsymbol{S}=0$，磁通

(10-4) $\oint_C\boldsymbol{H}\cdot\mathrm{d}\boldsymbol{l}=\int_S(\boldsymbol{j}+\partial\boldsymbol{D}/\partial t)\cdot\mathrm{d}\boldsymbol{S}$，$\oint_C\boldsymbol{E}\cdot\mathrm{d}\boldsymbol{l}=\int_S(\partial\boldsymbol{B}/\partial t)\cdot\mathrm{d}\boldsymbol{S}$

(10-5) 散度，高斯，$\int_V\nabla\cdot\boldsymbol{A}\mathrm{d}V=\int_S\boldsymbol{A}\cdot\mathrm{d}\boldsymbol{S}$

(10-6) 旋度，斯托克斯，$\int_S\nabla\times\boldsymbol{A}\cdot\mathrm{d}\boldsymbol{S}=\int_C\boldsymbol{A}\cdot\mathrm{d}\boldsymbol{l}$

(10-7) $\nabla\cdot\boldsymbol{D}=\rho_e$，$\nabla\cdot\boldsymbol{B}=0$，$\nabla\times\boldsymbol{H}=\boldsymbol{j}+\partial\boldsymbol{D}/\partial t$，$\nabla\times\boldsymbol{E}=-\partial\boldsymbol{B}/\partial t$

第 11 章

<电磁方程式篇>

电磁波

麦克斯韦方程预言了电磁波的存在，并以光速传播。第 11 章将推导出电磁波的波动方程式，并按照与能量相关的频率对电磁波进行分类，还会描述电磁场的能量场的能量守恒，并且接触到作为悖论提出的奇妙的电磁现象。

电磁场的波动方程

如果使电荷振动，就会在相应位置产生电流和磁场，从而产生电磁波并在空间中传播。

波动方程

麦克斯韦方程式可以写成真空中电场和磁场以波的形式传播的波动方程。如果将电荷密度 ρ_e 和电流密度 $\boldsymbol{j}$ 设为零，并对 $\nabla\times\boldsymbol{E}$ 和 $\nabla\times\boldsymbol{B}$ 这两个式子进行旋度运算（$\nabla\times$）(图 11-1)，则变成

$$\nabla\cdot\nabla\boldsymbol{E}=\frac{\partial}{\partial t}\nabla\times\boldsymbol{B}=\varepsilon_0\mu_0\frac{\partial^2}{\partial t^2}\boldsymbol{E} \qquad (11\text{-}1a)$$

$$\nabla\cdot\nabla\boldsymbol{B}=-\varepsilon_0\mu_0\frac{\partial}{\partial t}\nabla\times\boldsymbol{E}=\varepsilon_0\mu_0\frac{\partial^2}{\partial t^2}\boldsymbol{B} \qquad (11\text{-}1b)$$

这就是波动方程。可以看出，表示关于空间的二阶偏微分与关于时间的二阶偏微分成正比。虽然空间和时间的比值相当于速度，但空间和时间的二阶偏微分的系数相当于波的传播速度的二次方。在电磁波的情况下，就是光速的二次方（$c^2=1/\varepsilon_0\mu_0$）。

一维平面波的示例

特别是在向 x 方向传播的一维平面波的情况下可以简化为 $\boldsymbol{E}=[0,E_y(x,t),0]$，$\boldsymbol{B}=[0,0,B_z(x,t)]$，变成

MEMO 提示　相位速度是 ω/k，群速度是 $d\omega/dk$。虽然在介质中，相位速度往往会超过光速，但作为信息传递的群速度却不会超过光速。

$$\frac{1}{c^2}\frac{\partial^2}{\partial t^2}E_y=\frac{\partial^2}{\partial x^2}E_y,\quad \frac{1}{c^2}\frac{\partial^2}{\partial t^2}B_z=\frac{\partial^2}{\partial x^2}B_z \tag{11-2}$$

在这个解中，将相位速度设为 $\omega/k=c=E_0/B_0$，即可得到

$$E_y=E_0\sin(kx-\omega t+\delta),\quad B_z=B_0\sin(kx-\omega t+\delta) \tag{11-3}$$

式中，E_0 和 B_0 是电场和磁场的波的振幅；k 是波数；ω 是角振动频率；δ 是初始相位。图 11-2 所示为这个行进波的示意图。

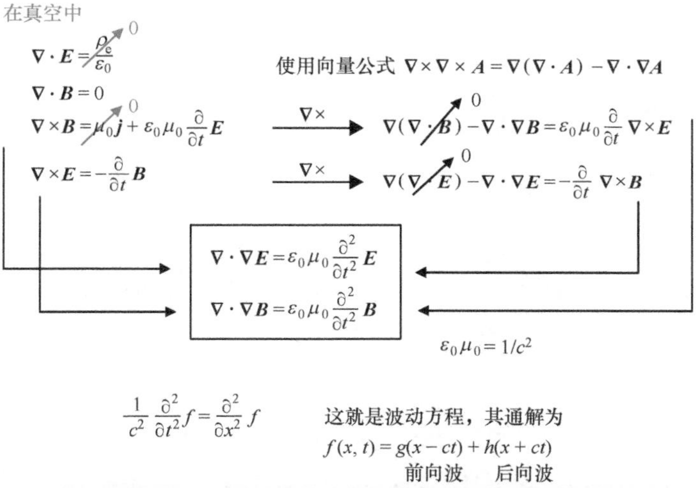

图 11-1

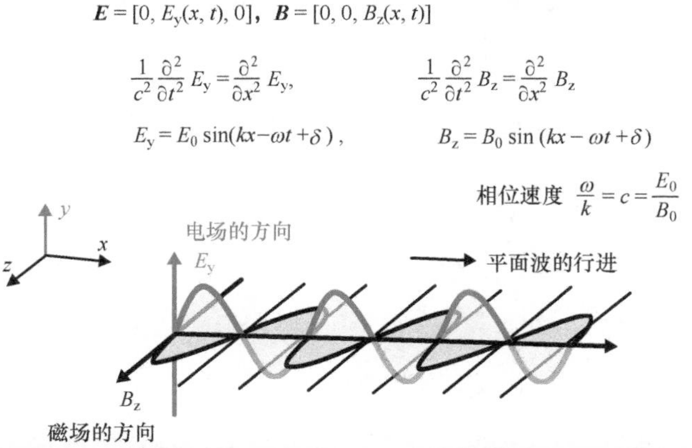

图 11-2

11-2 <电磁方程式篇>

电磁波的产生

在现代社会中，电磁波在信息通信领域已经得到了广泛的应用。本节将总结对于电磁波的预言和赫兹的验证实验。

电磁波的传播

正如麦克斯韦方程描述的那样，如果在空间产生磁场并发生变化，就会产生电场［见式（10-19）］。如果产生的电场发生变化，就会产生磁场［见式（10-18）］，进而这个磁场的变化又会产生电场。像这样连锁传播的波就是电磁波（图 11-3）。

在真空中，电磁波以光速传播。电荷上下移动产生电场振动，电流出现后又产生磁场，成为电磁波（横波）并传播出去。这相当于在水面上使一个配重球上下振动传播水面波的情形。不过传播水面波需要介质，而电磁波即使在真空中也能传播。电磁波作为一种场，类似于爱因斯坦预言并在 100 年后的 2015 年探测出的引力场波（引力波）。

赫兹的验证实验

1864 年由麦克斯韦预言的电磁波，在 1888 年由德国的物理学家赫兹通过实验确认了它的存在。

通过火花间隙使感应线圈的二次侧放电，以产生高电压。从这里发出的电磁波被一个具有很小间隙的金属环的谐振器（赫兹谐振器）所接收。适当选择环的方向，会在间隙中产生火花，由此确认了电磁

MEMO 提示　为了纪念发现电磁波的海因里希·鲁道夫·赫兹（德国，1857—1894 年），使用赫兹（Hz）作为频率 SI 的导出单位。

波是会传播的（图 11-4）。

赫兹还进一步地组合金属抛物面镜，对电磁波的直线前进、反射、折射、干涉进行了实验，确认了电磁波与光的性质相同。在电磁波中，对于波长超过几 cm 的电磁波，利用半波长结构的偶极天线和环形天线作为基本天线。

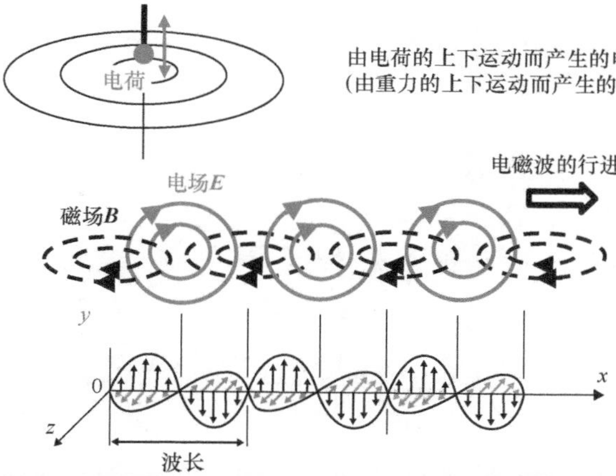

图　11-3

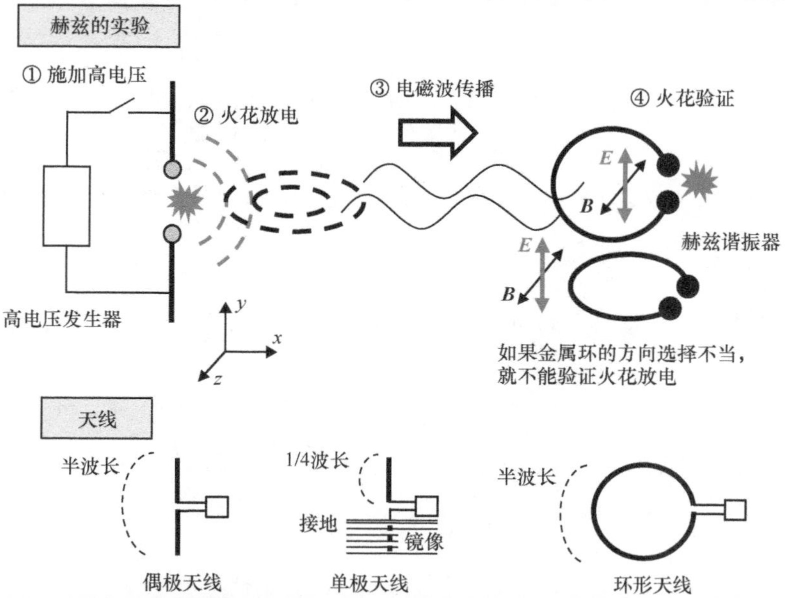

图　11-4

按频率分类电磁波

各种各样的电磁波都是可以按照频率（或者波长）来分类的。频率和波长的乘积就是电磁波的相位速度，相当于光速。

各种各样的电磁波

电磁波有很多种类。以角频率 $\omega=2\pi f$[f 为频率（Hz）]和角波数 $k=2\pi/\lambda$[λ 为波长（m）]表示的电磁波的相位速度 c 是恒定的（$c=\omega/k=\lambda f$），根据这个波长或频率可以分类为无线电波、红外线、可见光线、紫外线、X 射线和伽马射线（图 11-5）。在这里，使用了 $1\text{nm}=10^{-9}\text{m}$ 作为波长的单位，使用了 $1\text{THz}=10^{12}\text{Hz}=10^{12}\text{s}^{-1}$ 作为频率的单位。无线电波是按照超长波、长波、中波、短波、超短波、微波等波长从长到短（从频率小的波到频率大的波）的顺序排列的。例如，微波炉中 2.45GHz（2.45×10^{9}Hz）的电磁波是微波，波长大约为 12cm。红外线的波长范围是 750nm～1mm（400～3THz），用于红外线加热器等。可见光为 400～750nm（750～400THz），也是太阳光的主要部分。例如，绿光的波长约为 500nm，频率为 600THz。

光是粒子还是电磁波?

光具有既是电磁波（光波）又是粒子（光子）的双重性质（图 11-6）。振动频率为 ν 的一个光子的能量 ε 是 $\varepsilon=h\nu=hc/\lambda$。其中，$h$ 是普朗克常数（$6.6\times10^{-34}\text{J}\cdot\text{s}$）；$c$ 是光速；λ 是波长。在 500nm 的

MEMO 提示　“振动数”是相对于物理上的振动运动和波动运动来使用的，但关系到波动，在工程学领域中，特别地使用了“频率”。

绿色光中，$\nu=6\times10^{14}/s$，所以 $\varepsilon=4\times10^{-19}J$。以 1V 加速 1 个电子的能量是 1eV（电子伏特）$=1.6\times10^{-19}J$，所以这个绿色光光子的能量相当于 2.5eV。普朗克常数是表征量子论的重要物理常数，2019 年被确定用于千克单位的定义（1-8 节）。

电磁波的能量与频率（或者波长的倒数）成正比

图 11-5

1 个光子的能量 ε(J)

$$\varepsilon=h\nu=hc/\lambda$$

h 普朗克常数 $(6.662606957\times10^{-34}J\cdot s)$ 永久定义值
ν 频率 $(s^{-1}=Hz)$
λ 波长 (m)
c 光的速度 (299792458m/s) 永久定义值

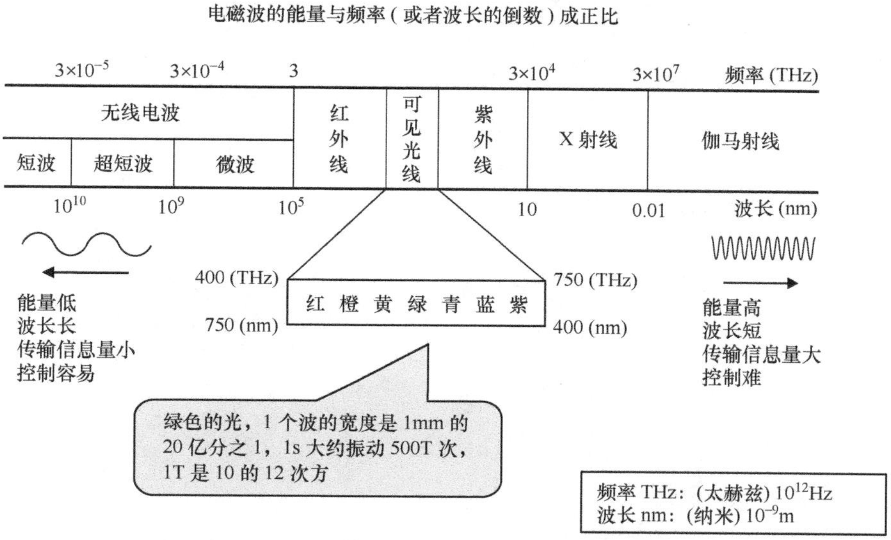

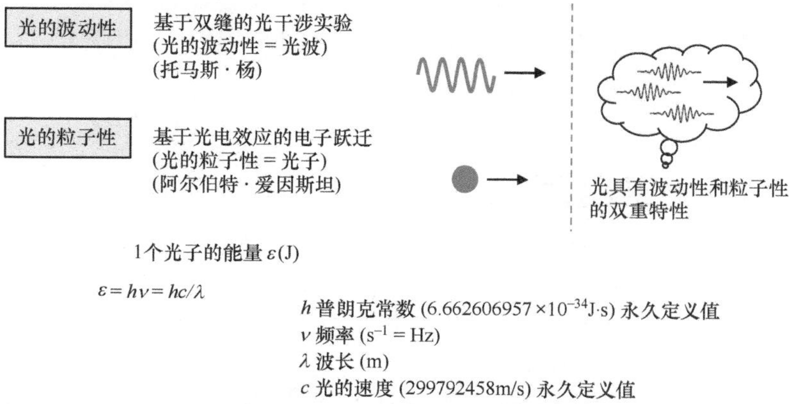

图 11-6

电磁波的能量

电磁波以光速传播，由导线传输的电能在导线周围的介质中以电磁波的形式传输。

电磁波的能量守恒

电容（电容器）储存的能量是 $(1/2)CU^2$，用能量除以电容的电场域的体积，得到电场的能量密度 w_E，如式（4-17）所示的 $(1/2)\varepsilon_0E^2$。同样，线圈（电感器）储存的能量是 $(1/2)LI^2$，电感的磁场能量密度 w_B 根据式（8-15）可得 $(1/2\mu_0)B^2$。一般来说，电磁场的能量密度 w 是二者之和。

$$w = w_E + w_B = \frac{\varepsilon_0}{2}E^2 + \frac{1}{2\mu_0}B^2 \tag{11-4}$$

电磁场的能量密度的流动可以由电场 $\boldsymbol{E}$(V/m) 和磁场 $\boldsymbol{H}$(A/m) 的外积表示，称为坡印廷向量 $\boldsymbol{S}$(W/m^2)。

$$\boldsymbol{S} = \boldsymbol{E} \times \boldsymbol{H} \tag{11-5}$$

利用这个能量密度流的散度，通过麦克斯韦方程和向量的微分运算公式，得到以下电磁场能量守恒定律（图 11-7）。

$$\frac{\partial w}{\partial t} + \nabla \cdot \boldsymbol{S} = -\boldsymbol{E} \cdot \boldsymbol{j} \tag{11-6}$$

左边表示能量密度 w 的时间变化和能量流 $\boldsymbol{S}$ 的涌出，右边表示焦耳热损失。

MEMO 提示　约翰·亨利·坡印廷（1852—1914 年），英国物理学家。请注意，坡印廷的拼写不是 Pointing，而是 Poynting。

坡印廷向量的示例

考虑导体中电流的能量流动。周围的电场 $\boldsymbol{E}$ 表示电流的方向，磁场 $\boldsymbol{H}$ 表示圆周的方向，坡印廷向量 $\boldsymbol{S}$ 指向中心（图 11-8）。焦耳热损失就是由这个坡印廷向量来弥补的。

$$\nabla\cdot\boldsymbol{E}=\frac{\rho_e}{\varepsilon_0}$$

$$\nabla\cdot\boldsymbol{B}=0$$

$$\nabla\times\boldsymbol{B}=\mu_0\boldsymbol{j}+\varepsilon_0\mu_0\frac{\partial}{\partial t}\boldsymbol{E}$$

$$\nabla\times\boldsymbol{E}=-\frac{\partial}{\partial t}\boldsymbol{B}$$

$$\boldsymbol{B}\cdot(\nabla\times\boldsymbol{E})=-\boldsymbol{B}\cdot\frac{\partial}{\partial t}\boldsymbol{B}$$

$$\boldsymbol{E}\cdot(\nabla\times\boldsymbol{B})=\mu_0\boldsymbol{E}\cdot\boldsymbol{j}+\varepsilon_0\mu_0\boldsymbol{E}\cdot\frac{\partial}{\partial t}\boldsymbol{E}$$

利用向量公式 $\nabla\cdot(\boldsymbol{E}\times\boldsymbol{B})=\boldsymbol{B}\cdot(\nabla\times\boldsymbol{E})-\boldsymbol{E}\cdot(\nabla\times\boldsymbol{B})$

$$\frac{1}{\mu_0}\nabla\cdot(\boldsymbol{E}\times\boldsymbol{B})=-\boldsymbol{E}\cdot\boldsymbol{j}-\varepsilon_0\boldsymbol{E}\cdot\frac{\partial}{\partial t}\boldsymbol{E}-\frac{1}{\mu_0}\boldsymbol{B}\cdot\frac{\partial}{\partial t}\boldsymbol{B}$$

$$-\frac{\partial w}{\partial t}$$

设 $w=w_E+w_B=\frac{\varepsilon_0}{2}\boldsymbol{E}^2+\frac{1}{2\mu_0}\boldsymbol{B}^2$， $\boldsymbol{S}=\frac{1}{\mu_0}\boldsymbol{E}\times\boldsymbol{B}=\boldsymbol{E}\times\boldsymbol{H}$

坡印廷向量

$$\frac{\partial w}{\partial t}+\nabla\cdot\boldsymbol{S}=-\boldsymbol{E}\cdot\boldsymbol{j}$$

电磁能量密度的时间变化

电磁能量密度流的散度

焦耳热损失

图 11-7

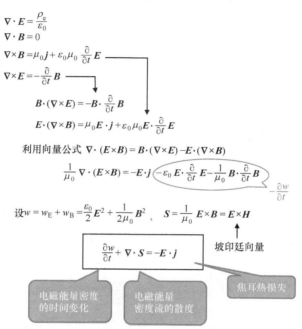

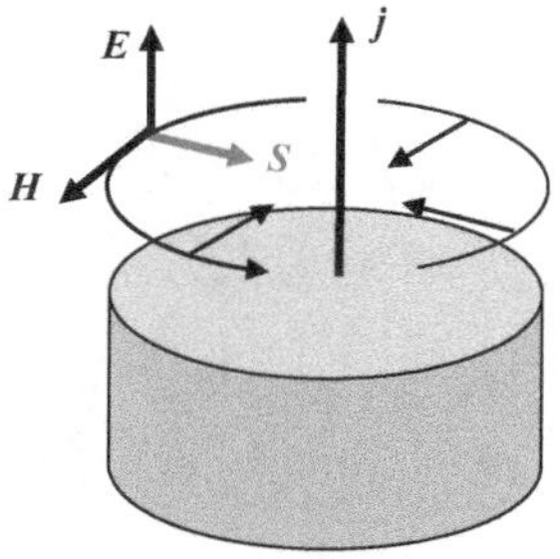

导体中流过的电流方向朝上

导体内的电场 $\boldsymbol{E}$ 的方向朝上

磁场强度 $\boldsymbol{H}$ 则是圆周方向

坡印廷向量 $\boldsymbol{S}$ 指向中心方向

能量作为坡印廷向量从表面流入

图 11-8

第 11 章

标量势和向量势

3-4 节已经用静电势描述了静电场。本节要将磁场包括在内，定义电磁势（矢量 $\boldsymbol{A}$ 和标量 ϕ），以统一描述电磁场。

电场与磁场的标记

关于磁场，可以通过磁场的高斯定理 $\nabla\cdot\boldsymbol{B}=0$ 和恒等式 $\nabla\cdot(\nabla\times\boldsymbol{A})\equiv 0$ 来定义构成电磁场的向量势 $\boldsymbol{A}$，即

$$\boldsymbol{B}=\nabla\times\boldsymbol{A} \tag{11-7}$$

此式相当于用磁场 $\boldsymbol{B}$ 定义了环绕向量 $\boldsymbol{A}$。但是，$\boldsymbol{A}$ 具有可以加入 $\nabla\lambda$ 的自由度。使用式（11-7）和法拉第定律，可以将电场定义为式（11-8）(图 11-9)。

$$\boldsymbol{E}=-\nabla\phi-\frac{\partial}{\partial t}\boldsymbol{A} \tag{11-8}$$

标量势 ϕ 可以改写为 $\phi-\partial\lambda/\partial t$。

规范条件

将上述的电磁势 $\boldsymbol{A}$ 和 ϕ 纳入安培 · 麦克斯韦定理和关于电场的高斯定理就可以创建方程。因为在电磁势中本来就具有自由度，所以可以通过附加条件（规范条件）来唯一地规定。使用库仑规范和洛伦兹规范，在后者的情况下，可以使用处理时间和空间这 4 维的达朗贝尔算符□，并以两个波动方程式来表示麦克斯韦方程组（图 11-10）。

MEMO 提示　用电磁势那样的数学上的规范函数表示可观测的物理量。即使改变条件，物理方程式也不会改变的情况称为规范不变。

$$\Box A = \mu_0 j, \quad \Box \phi = \frac{\rho_e}{\varepsilon_0} \qquad (11\text{-}9)$$

磁场

利用向量恒等式
$\nabla \cdot (\nabla \times A) \equiv 0$

磁场的高斯定理

$\nabla \cdot B = 0$ $\longrightarrow$ $B = \nabla \times A$

A：向量势
$A \to A + \nabla \lambda$ 也成立
$\nabla \times \nabla \lambda \equiv 0$

H $\oint_C H \cdot dl$
$(\nabla \times H = j)$ $= \int_S j \cdot dS = I$

Φ A $\oint_C A \cdot dl$
$(\nabla \times A = B)$ $= \int_S B \cdot dS = \Phi$

电场（局限） $E = -\nabla \phi$ ϕ：标量势

波动电场

利用向量恒等式
$\nabla \times \nabla \Phi \equiv 0$

法拉第定律

$\nabla \times E = -\dfrac{\partial}{\partial t} B$ $\longrightarrow$ $E = -\nabla \Phi - \dfrac{\partial}{\partial t} A$

$\Phi \to \Phi - \dfrac{\partial}{\partial t} \lambda$

$\nabla \times \left(E + \dfrac{\partial}{\partial t} A \right) = 0$

也成立

图 11-9

安培·麦克斯韦定律

利用向量公式
$\nabla \times \nabla \times A = \nabla (\nabla \cdot A) - \nabla \cdot \nabla A$

$\nabla \times B = \mu_0 j + \varepsilon_0 \mu_0 \dfrac{\partial}{\partial t} E$ $\longrightarrow$ $\nabla \times \nabla \times A = \mu_0 j - \dfrac{1}{c^2} \left(\dfrac{\partial}{\partial t} \nabla \phi + \dfrac{\partial^2}{\partial t^2} A \right)$

电场的高斯定理

$\nabla \cdot E = \dfrac{\rho_e}{\varepsilon_0}$ $\longrightarrow$ $-\nabla \cdot \nabla \phi - \dfrac{\partial}{\partial t} \nabla \cdot A = \dfrac{\rho_e}{\varepsilon_0}$

$-\nabla \cdot \nabla A + \dfrac{1}{c^2} \dfrac{\partial^2}{\partial t^2} A + \nabla \left(\nabla \cdot A + \dfrac{1}{c^2} \dfrac{\partial}{\partial t} \nabla \phi \right) = \mu_0 j$

$-\nabla \cdot \nabla \phi + \dfrac{1}{c^2} \dfrac{\partial^2}{\partial t^2} \phi - \dfrac{\partial}{\partial t} \left(\nabla \cdot A + \dfrac{1}{c^2} \dfrac{\partial}{\partial t} \phi \right) = \dfrac{\rho_e}{\varepsilon_0}$

洛伦兹规范
$\nabla \cdot A + \dfrac{1}{c^2} \dfrac{\partial}{\partial t} \phi = 0$

麦克斯韦方程

$\Box A = \mu_0 j$
$\Box \phi = \dfrac{\rho_e}{\varepsilon_0}$

$\Box \equiv \dfrac{1}{c^2} \dfrac{\partial^2}{\partial t^2} - \nabla \cdot \nabla$ 达朗贝尔算子
（达朗贝尔算符）

库仑规范
$\nabla \cdot A = 0$

图 11-10

第
11

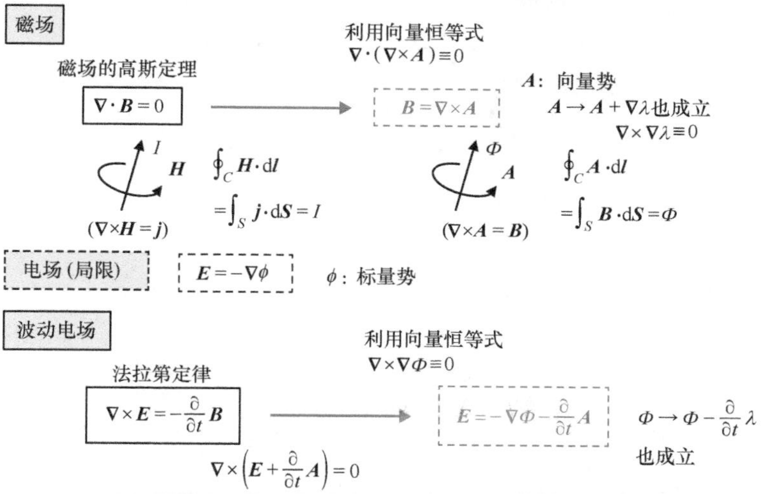

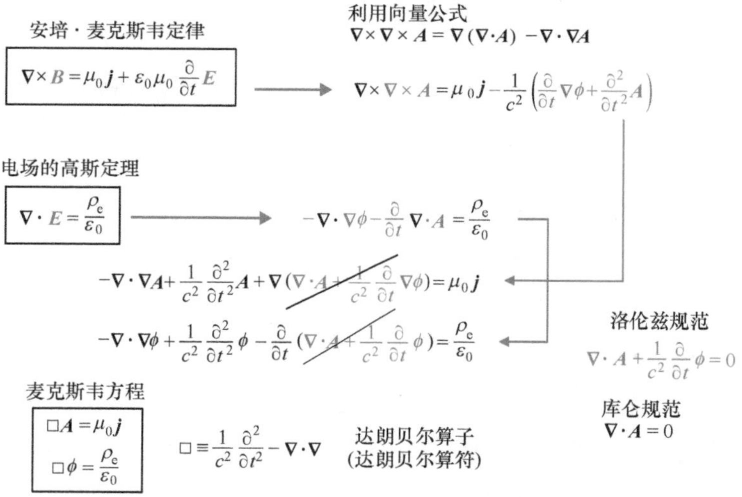

11-6 <电磁方程式篇>

洛伦兹变换

电磁波不能用伽利略变换中的绝对时间来理解，而是要用相对论的时间观念来考虑洛伦兹变换中的时间延迟和长度收缩。

电磁波与洛伦兹转换

在经典力学中，伽利略变换建立了速度叠加法则。但是，伽利略变换并不适用于电磁波的速度，需要建立相位速度（光速）恒定的新的变换（洛伦兹变换）体系（图 11-11）。1887 年迈克尔森·莫雷的实验，推翻了人们的常识，验证了光速在任何惯性系统（匀速运动系统）中都是恒定不变的。

洛伦兹提出，以速度 v 运动的物体，其长度会缩短 $1/\gamma(\gamma>1)$，时间也会延长。这里的 c 为光速，γ（伽马）值称为洛伦兹因子，其公式如下：

$$\gamma=\frac{1}{\sqrt{1-(v/c)^2}} \quad (1\leqslant\gamma<\infty) \tag{11-10}$$

洛伦兹因子的导出

考虑静止的坐标系 S 和以速度 v 匀速运动的坐标系 S'。在 S' 上垂直高度为 L 的房间里，使电磁波从 P 向 Q 发射。无论从哪个坐标系看，电磁波的速度都是恒定的。设时间的流逝在 S 和 S' 上不同，是 t 和 t'。若光速为 c，就是 $L=ct'$。从 S 坐标系来看，电磁波飞行了很长

MEMO 提示　爱因斯坦的狭义相对论的历史性论文题目是《运动物体的电动力学》，这是促进电磁学发展的重要著作。

的距离，为$\sqrt{L^2+(vt)^2}=ct$。从这两个式子可以推导出$t'=t/\gamma$，这表示在移动的系统中，时间会缓慢地前进（图 11-12）。

根据以上的分析，可以理解为在以光速移动的系统中看到光时，光并没有停止，而是以恒定的光速移动。这是与下一节的带电粒子的运动和关于电磁场的悖论相关联的。

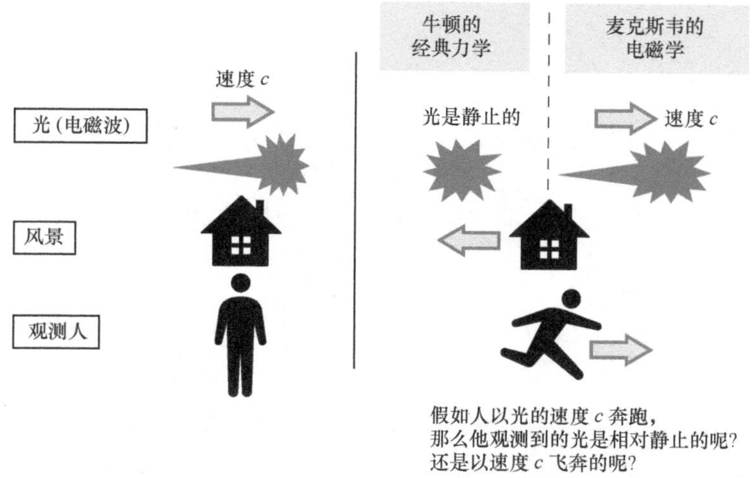

图 11-11

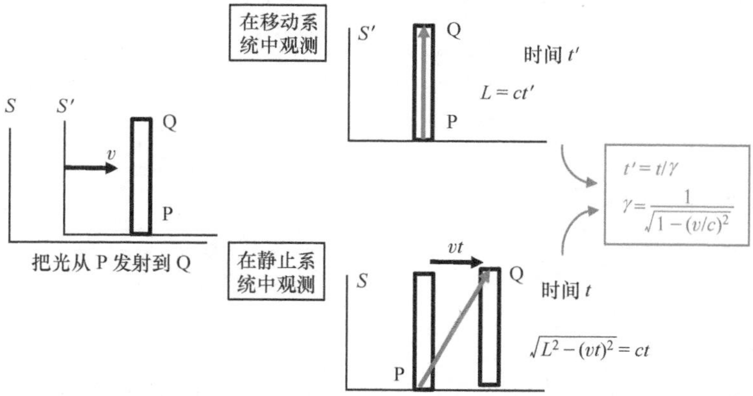

图 11-12

第 11 章

相对论的电动力学

电磁学正在朝着与磁学相关的量子解释方向发展，也在朝着与光和电磁波相关的相对论方向发展，成为电动力学这一学科。

洛伦兹力的悖论

在电流流动的电线内部，正的电荷（原子核）是静止的，负的电子在运动，但由于整体上呈中性，电荷不会产生向外的电场。如图 11-13 所示，假设有电流 $\boldsymbol{I}$($\boldsymbol{I}=\sigma\boldsymbol{v}$，线电荷密度 σ，电子速度 $\boldsymbol{v}$）正在流动的导线，在导线的周围产生了磁场 $\boldsymbol{B}$。把电荷量为 q 的带电粒子放在附近的外部时，这个带电粒子不会受到来自磁场的电磁力（洛伦兹力）的作用。另一方面，如果从以速度 $\boldsymbol{v}$ 向与导体内电子相同方向运动的人来看，电子似乎静止了，但正电荷的原子核似乎以 $\boldsymbol{v}$ 的速度反向运动，电流是流动的，产生磁场，电磁力发挥作用。在静止系统中，作用于外部带电粒子的力为零，但在运动系统中，力就不再是零，二者相互矛盾了（图 11-13）。

基于相对性理论的解释

以上的洛伦兹力的悖论，可以通过狭义相对论来解决。当物体做匀速直线运动时，在相对运动方向上看到的物体是收缩的（洛伦兹收缩）。如果从运动系统来看，因为正电荷是运动的，所以密度会增加；因为电子是静止的，所以负电荷的密度会降低。相对于导线来说，朝

MEMO 提示　适用于惯性系统（匀速运动系统）的“狭义相对论”，把引力（重力）和加速度都包括进来，形成了适用于非惯性系统的“广义相对论”。

向半径方向之外向的电场 E' 成为可观测的状态（图 11-14）。

在静止系统中观测时，导体内部的电子间的距离因为收缩而成为可观测状态，负电荷和正电荷的线电荷密度变得相同。施加到外部带电粒子上的力，由于这个电场产生的电力和由磁场产生的磁力相互抵消，所以与静止系统一样，力变为零。

静止系

电流 I

磁场 B

外部电荷 q

因为外部电荷 q 是静止的，所以磁力为零

$E = 0$
$B \neq 0$
$v = 0$
$F = q\,(E + v \times B) = 0$
洛伦兹力

悖论

运动系（非相对论） ✕

电流 I

磁场 B

磁力 qvB

电荷 q 速度 v

因为外部电荷 q 是运动的，所以磁力不为零

$E = 0$
$B \neq 0$
$v \neq 0$
$F = q\,(E + v \times B) \neq 0$

图 11-13

运动系（相对论） ◯

电流 I'

因收缩而可观测

磁场 B' 电场 E'

因延伸而可观测

磁力 qvB'

电荷 q 速度 v

电场力 qE'

洛伦兹因子
$\gamma = \dfrac{1}{\sqrt{1 - \left(\dfrac{v}{c}\right)^2}}$

因为电子的线密度 σ_e 减少，正离子的线密度 σ_i 增加，所以会产生电场

$\sigma_e' = \sigma_e / \gamma < \sigma_e$
$\sigma_i' = \sigma_i / \gamma > \sigma_i$

γ 是洛伦兹因子

因为磁力与电场力平衡，所以作用到电荷上的合力为零

$E' = \gamma(E + v \times B)$
$B' = \gamma(B - (v/c^2) \times E)$
$F = q(E' + v \times B') = 0$

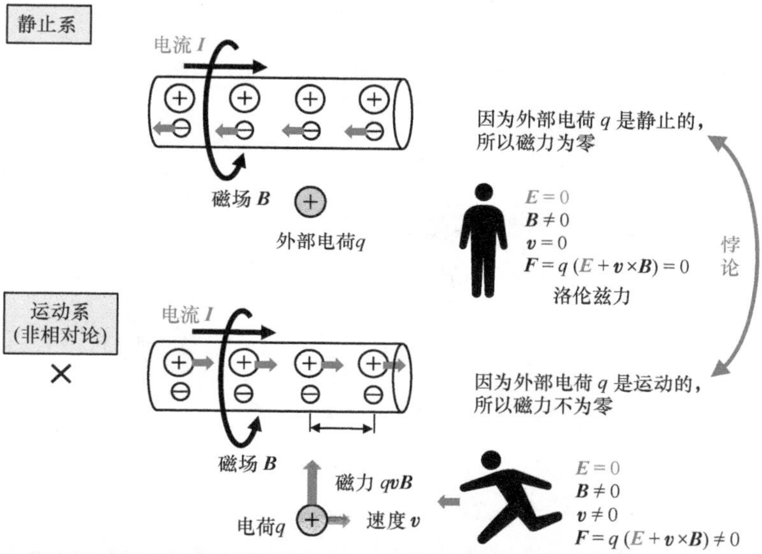

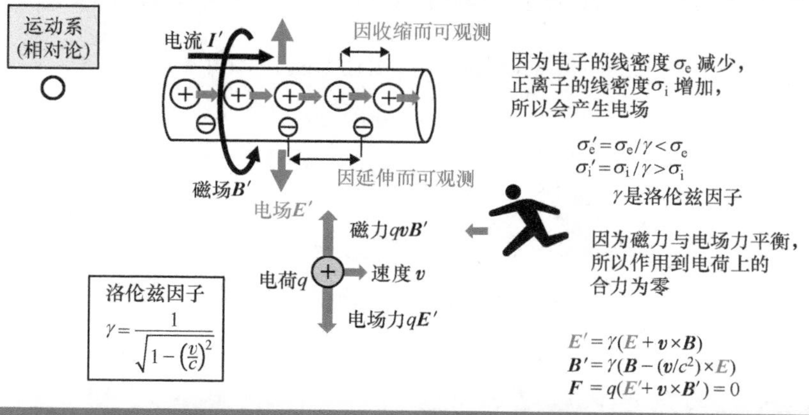

图 11-14

选择测试题

答案见 208 页

测试题 11.1　手机传播的波长是哪一个？

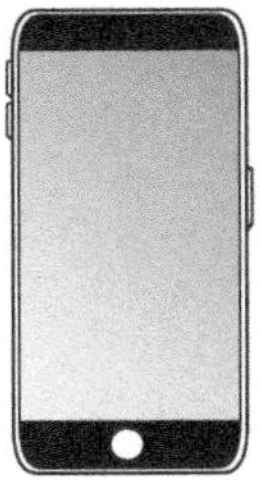

在无线电波通信中，因在低频段不容易受到障碍物等的影响而可以简便地进行长距离通信，但高频通信可以快速传递更多的信息。手机的无线电波使用的是 800MHz 频带和 2GHz 频带，但波长大概是多少呢？

① 0.1mm　② 1mm　③ 1cm　④ 10cm

测试题 11.2　激光指示器的电场和磁场是哪一个？

有光束直径为 2mm 的 1mW 的激光指示器，这个光束的电场强度和磁通密度是多少？

（1）电场强度

① 300μV/m　② 30mV/m　③ 3V/m　④ 300V/m

（2）磁通密度（磁感应强度）

① 10nT　② 1μT　③ 100μT　④ 10mmT

专栏11

弦和膜能说明重力和电磁力不同吗

在宇宙中，与电磁力相比，引力占主导地位。因为电磁力是双极性（+和-，N 和 S）的，所以会因被屏蔽而减弱，或者因电荷集中在表面而不会形成很大的电荷。基本粒子可以用“普朗克长度”的弦来表示，可以认为那个弦会因振动和旋转而成为粒子。作为电磁力交换子的光子（Photon）是自旋为 1 的“开放的弦”，作为引力的引力子（Graviton）是自旋为 2 的“关闭的弦”。

因为在膜宇宙中的闭合弦大部分在额外维度的方向上逃脱，所以认为引力的相互作用较小。

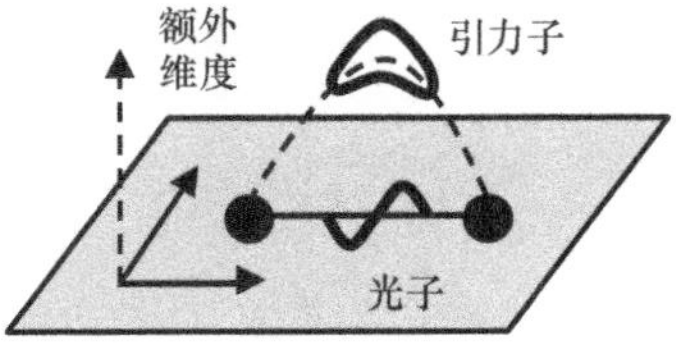

综合测试题

问题对应于各节的总结/答案见 208 页

11-1 关于向 x 方向传播的电磁波，在 y 方向电场 E 的一维波动方程是 E 对时间的二阶微分与对空间的二阶微分成正比的关系式，因为相位速度为光速 c，所以为［　　=　　］。这个通解的波形可以用［　　　　］表示。

11-2 电磁波的存在是由［　　（人名）］预言的，也是由［　　（人名）］证实的。环形天线的直径等于电磁波波长的［　　　　］，单极天线的长度等于电磁波波长的［　　　　］。

11-3 电磁波的能量与［　　　　］成正比，比光能量更低的波被称为［　　　　］，能量高的波依次是［　　　　］、［　　　　］。

11-4 电场 $\boldsymbol{E}$，磁场 $\boldsymbol{B}$ 的电磁波的能量密度 w 是［　　（单位）］。电场 $\boldsymbol{E}$、磁场 $\boldsymbol{H}$ 的电磁波的能流可写成［$\boldsymbol{S}=$　　（单位）］。这被称为［　　（人名）］向量。

11-5 以向量势为 $\boldsymbol{A}$、标量势为 ϕ，磁场可表示为［$\boldsymbol{B}=$　　　］，电场可表示为［$\boldsymbol{E}=$　　　］。在这些势中虽然有自由度，但是作为规范条件一般使用［　　（人名）］规范。

11-6 洛伦兹因子为 $\gamma(\geqslant 1)$，以速度 v 运动的物体，其长度变为［　　　　］倍，经过时间为［　　　　］倍。这里，［$\gamma=$　　　］。

11-7 即使电流通过导线产生磁场，也不会对外部的静止电荷产生力。但是，如果从建立在导体中电子上的惯性坐标系来看，正离子产生磁场，外部电荷受力。这个悖论可以用［　　理论］来解决。

第11章

测试题答案

答案 11.1 ④

【解说】因为电磁波的相位速度 c、频率 v 和波长 λ 之间的关系是 $c=\lambda v$，所以在 $v=10^9\text{Hz}(1\text{GHz})$ 时，$\lambda=c/v=3\times10^8/(3.14\times10^9)=0.1\text{m}$。

【参考】在过去的手机中，曾经有过带有 1/4 波长的几厘米单极天线的机型。现在，平板的“反 F 型天线”已经纳入到智能手机中。

答案 11.2 （1）④ （2）②

【解释】因为 1mJ/s 的能流在 $\pi\times0.001^2=3.14\times10^{-6}\text{m}^2$ 中通过，所以能量密度 w 的流量为 $S=10^{-3}(\text{Js}^{-1})/[3.14\times10^{-6}(\text{m}^2)]=3.18\times10^2(\text{Js}^{-1}\text{m}^{-2})$。若设光速为 $c(\text{m/s})$，则 $S=cw$，$c=3\times10^8(\text{m/s})$，因此 $w=S/c=1.0\times10^{-6}(\text{J/m}^3)$。这里，因为 $w=w_E+w_B=\varepsilon_0E^2/2+B^2/2\mu_0$，$c=1/\sqrt{\varepsilon_0\mu_0}=E/B$，所以 $w=\varepsilon_0E^2$。因此，电场 $E=\sqrt{1.0\times10^{-6}/8.85\times10^{-12}}=3\times10^2(\text{V/m})$。磁通密度为 $B=E/c=3\times10^2/3\times10^8=10^{-6}(\text{T})$。

综合测试题答案（满分 20 分，目标 14 分以上）

（11-1）$(1/c^2)\partial^2E/\partial t^2=\partial^2E/\partial x^2$，正弦波

（11-2）麦克斯韦，赫兹，一半，1/4

（11-3）频率，无线电波，X 射线，γ（伽马）射线

（11-4）$\varepsilon_0E^2/2+B^2/(2\mu_0)(\text{J/m}^3)$，$\boldsymbol{S}=\boldsymbol{E}\times\boldsymbol{H}(\text{W/m}^2)$，坡印廷

（11-5）$\boldsymbol{B}=\nabla\times\boldsymbol{A}$，$\boldsymbol{E}=-\nabla\phi-\partial\boldsymbol{A}/\partial t$，洛伦兹

（11-6）$1/\gamma$，γ，$\gamma=1/\sqrt{1-(v/c)^2}$

（11-7）狭义相对论

附　　录

附录A　本书使用的物理量的符号

本书使用的电磁学中重要物理量的符号

物理符号	单位符号	读法	MKSA 单位量纲	物理量
I	A	安培	A	电流
Q	C	库仑	A · s	电荷（电量）
U(V)	V = J/C	伏特	$kg \cdot m^2 \cdot s^{-3} \cdot A^{-1}$	电压（电位）
P	W = V · A	瓦特	$kg \cdot m^2 \cdot s^{-3}$	电能（辐射通量）
R	Ω = V/A	欧姆	$kg \cdot m^2 \cdot s^{-3} \cdot A^{-2}$	电阻
Z	Ω = V/A	欧姆	$kg \cdot m^2 \cdot s^{-3} \cdot A^{-2}$	阻抗
X	Ω = V/A	欧姆	$kg \cdot m^2 \cdot s^{-3} \cdot A^{-2}$	电抗
G	S = ℧	西门子	$kg^{-1} \cdot m^{-2} \cdot s^3 \cdot A^2$	电导
Y	S = ℧	西门子	$kg^{-1} \cdot m^{-2} \cdot s^3 \cdot A^2$	导纳
B	S = ℧	西门子	$kg^{-1} \cdot m^{-2} \cdot s^3 \cdot A^2$	电纳
ρ	Ω · m	欧姆 · 米	$kg \cdot m^3 \cdot s^{-3} \cdot A^{-2}$	电阻系数（电阻率）
σ	S/m	西门子每米	$kg^{-1} \cdot m^{-3} \cdot s^3 \cdot A^2$	电导系数（电导率）
C	F = C/V	法拉	$kg^{-1} \cdot m^{-2} \cdot A^2 \cdot s^4$	电容
L	H = Wb/A	亨利	$kg \cdot m^2 \cdot s^{-2} \cdot A^{-2}$	电感
ε	F/m	法拉每米	$kg^{-1} \cdot m^{-3} \cdot A^2 \cdot s^4$	介电常数
μ	H/m	亨利每米	$kg \cdot m \cdot s^{-2} \cdot A^{-2}$	磁导率
E	V/m	伏特每米	$kg \cdot m \cdot s^{-3} \cdot A^{-1}$	电场强度（电界强度）
D	C/m^2	库伦每平方米	$m^{-2} \cdot A \cdot s$	电通量密度
ϕ	Wb = V · s	韦伯	$kg \cdot m^2 \cdot s^{-2} \cdot A^{-1}$	磁通量
B	$T = Wb/m^2$	特斯拉	$kg \cdot s^{-2} \cdot A^{-1}$	磁通量密度（磁感应强度）
H	A/m	安培每米	$m^{-1} \cdot A$	磁场强度
NI	A(AT)	安培匝数	A	磁动势

附录 B　电磁学的基本定律（总结）

基础方程式

关于电场的高斯定理（库仑定律）

$$\nabla \cdot \boldsymbol{D} = \rho_{\mathrm{e}}$$

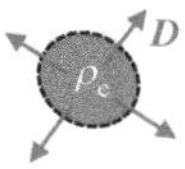

关于磁场的高斯定理（磁通守恒定律）

$$\nabla \cdot \boldsymbol{B} = 0$$

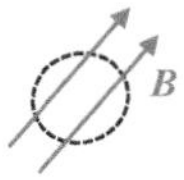

安培 · 麦克斯韦定理

$$\nabla \times \boldsymbol{H} = \boldsymbol{j} + \frac{\partial}{\partial t}\boldsymbol{D}$$

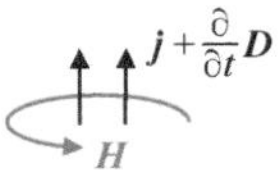

法拉第电磁感应定律

$$\nabla \times \boldsymbol{E} = -\frac{\partial}{\partial t}\boldsymbol{B}$$

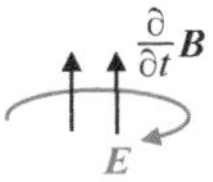

基础电磁力

洛伦兹力

$$\boldsymbol{F} = q(\boldsymbol{E} + \boldsymbol{v} \times \boldsymbol{B})$$

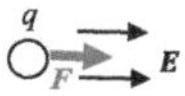

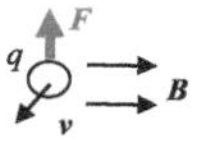

其他定律

库仑定律

（洛伦兹力和关于电场的高斯定理）

毕奥 · 萨伐尔定律

（安培定律与关于磁场的高斯定理）

楞次定律

（法拉第的电磁感应定律）

弗莱明的左手/右手定则

（左手定则：磁洛伦兹力，右手定则：电磁感应定律）

电荷守恒定律

（安培-麦克斯韦定律和关于电场的高斯定理）

欧姆定律

（洛伦兹力与宏观阻力）

基尔希霍夫定律

（电流定律：电荷守恒定律，电压定律：欧姆定律）

参考文献

『楽しみながら学ぶ電磁気学入門』 山﨑耕造 著 共立出版（2017）

『楽しみながら学ぶ物理入門』 山﨑耕造 著 共立出版（2015）

『トコトンやさしい電気の本（第2版）』 山﨑耕造 著 日刊工業新聞社（2018）

『トコトンやさしい磁力の本』 山﨑耕造 著 日刊工業新聞社（2019）

『トコトンやさしい相対性理論の本』 山﨑耕造 著 日刊工業新聞社（2020）

『トコトンやさしい量子コンピュータの本』 山﨑耕造 著 日刊工業新聞社（2021）

『図解入門 よくわかる 電磁気の基本と仕組み』 潮秀樹 著 秀和システム（2006）

图书在版编目（CIP）数据

极简图解电磁学基本原理 / (日) 山崎耕造著；秦晓平，韩伟真译. -- 北京 ：机械工业出版社，2024. 8.
ISBN 978-7-111-76173-0

Ⅰ. O441-64

中国国家版本馆CIP数据核字第2024VE7642号

机械工业出版社（北京市百万庄大街22号　邮政编码100037）
策划编辑：翟天睿　　责任编辑：翟天睿
责任校对：王小童　马荣华　景　飞　　封面设计：马精明
责任印制：单爱军
北京虎彩文化传播有限公司印刷
2024年11月第1版第1次印刷
170mm×230mm · 14印张 · 186千字
标准书号：ISBN 978-7-111-76173-0
定价：89.00 元

电话服务
客服电话：010-88361066
010-88379833
010-68326294

网络服务
机　工　官　网：www.cmpbook.com
机　工　官　博：weibo.com/cmp1952
金　书　网：www.golden-book.com
机工教育服务网：www.cmpedu.com